龍貓就上手！

讓龍貓過得健康長壽的50個重點

田園調布動物醫院院長 **田向健一** 監修　一般社團法人日本龍貓協會會長 **鈴木理惠** 協力

楓葉社

序

近年來，飼養特殊動物（Exotic animal）的人逐漸增多。所謂特殊動物，是指「犬貓以外被當作寵物飼養的動物」，下面要介紹的龍貓也是特殊動物的一種。

龍貓原是棲息在南美高標高山岳地帶的齧齒動物，但當地棲息在野外的龍貓數量很少，是相當珍貴的動物。現在作為寵物流通的龍貓都是人工繁殖的個體。

龍貓有著黑眼珠、絲絨般美麗的被毛，帶有異國情調的耳朵，好動且表情豐富，能認得並適應人，絕不會讓飼主感到厭煩。此外，牠們的壽命約10～15年，相當長壽，能和飼主長時間一起生活也是龍貓的一大魅力。

另一方面，由於龍貓怕熱且抗壓性差，飼養時需準備一個能妥善管理空調的安靜環境，這點很重要。

龍貓在日本作為寵物飼養的歷史並不算長，因此目前包括飲食與疾病等在內的相關資訊並不多。本書在製作時，承蒙一般社團法人日本龍貓協會的鈴木理惠女士鼎力協助。為了正在飼養龍貓的飼主及將來想飼養龍貓的人，本書彙整了目前已知的資訊、飼養方法以及臨終照護等內容。

若本書能幫助龍貓過得健康又長壽，身為監修者，沒有什麼比這還高興的事情了。

田向　健一

本書的使用方法

本書依照各項主題，介紹合適的龍貓飼養法。
除了重點之外，也要確認注意事項及遇到問題時的對策等，
開始享受與可愛的龍貓的生活吧。

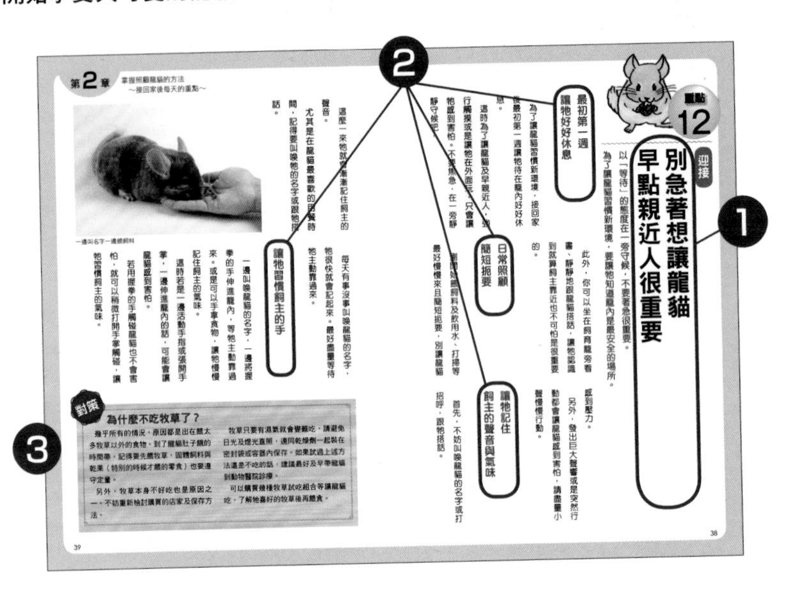

❶各頁的主題
根據飼主的疑問與目的分類，彙整了50項重點。

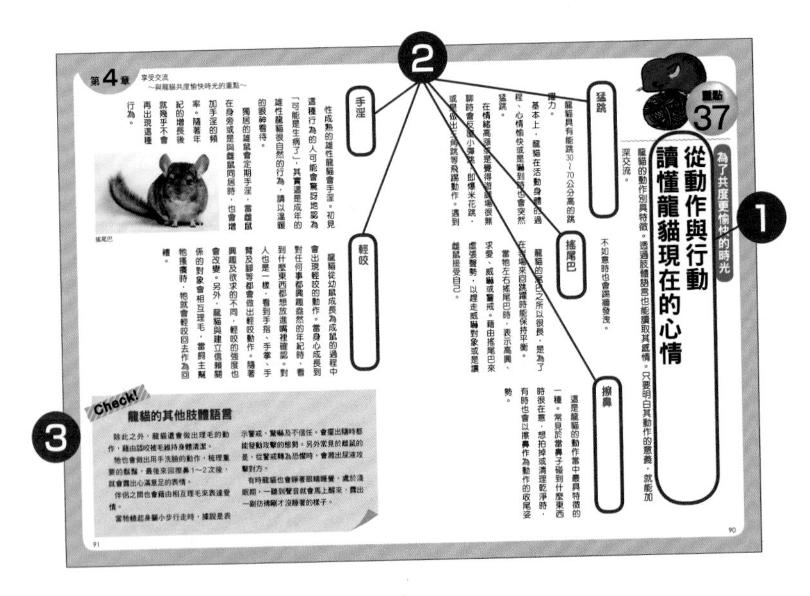

❷小標題
各項主題均以2～5種觀點來解說具體的內容。

❸對策或Check！
各項主題均設有「對策」或「Check！」的專欄。
「對策」專欄主要介紹針對各項主題應採取的對策。
「Check！」專欄主要介紹各項主題的注意點。

第一次養龍貓就上手

目次

第2章 掌握照顧龍貓的方法 ~接回家後每天的重點~

第3章 重新檢視飼養方式及居住環境
～重新檢視飼養方式及居住環境的重點～

第4章 享受交流
～與龍貓共度愉快時光的重點～

第5章 高齡化、維持健康以及疾病、災害時的對應等
～守護心愛龍貓的重點～

了解與龍貓生活的基本知識

～接回家前應考慮的重點～

龍貓的基本知識

重新認識龍貓的特徵及注意點

屬於外來種生物的龍貓對我們來說仍是未知的動物。透過了解龍貓的歷史與習性，一探其真實面貌吧。

原生地在安地斯山脈

龍貓屬於齧齒目毛絲鼠科。野生的龍貓棲息在南美西側的安地斯山脈全域標高2000～5000公尺的山頂附近。據說是因為被人類捕捉後，改在標高較高的地方棲息。

作為寵物的龍貓祖先是毛絲鼠科的長尾毛絲鼠，由於人類為了取其毛皮而濫捕，現已成了瀕危物種，在智利的國立保護區受到保護。

被毛厚的原因

安地斯山脈上方為溫度低於冰點的寒冷乾燥地帶。為了禦寒及避免皮膚乾燥，龍貓的毛孔會長出大量纖細柔軟的毛髮，形成厚厚的被毛來保護身體。

此外被天敵捕捉時，也能藉由掉毛逃走。

龍貓雖可隨氣溫高低調節毛量生活，卻無法適應高溫潮濕的環境。因此必須藉由空調及除濕機等來管理溫度與濕度。

群體活動

野生的龍貓是以家族為單位形成群落（colony）行動。

原生地是安地斯山脈

牠們會在地盤的交界拉屎，保持一定的距離，在寬廣的敷地內有許多群落居住在此。

龍貓跟人類一樣，會花費不少時間與工夫產下約一至三隻幼鼠，幼鼠出生後就會跟父母一起行動。龍貓為了保護包括孩子在內的夥伴，在敵人來襲時會大聲鳴叫通知夥伴有危險，一起逃到敵人進不去的岩場陰涼處。

龍貓幾乎都是夜行性

龍貓為了躲避晝行性的天敵，白天會在岩場的陰涼處休息，到了夜晚才外出覓食，不過隨著夜行性天敵的增加，牠們也開始在傍晚及黎明等天色陰暗的時間帶行動。由於氣候相當惡劣，水與食物也相當稀少，牠們便靠著食用仙人掌的根與葉、草、矮樹皮及根等維生。另外，為了再次吸收營養並預防飢餓，龍貓也會吃糞。

對策 先考慮自己的生活方式再迎接龍貓

龍貓的壽命約15年左右，甚至有不生病且長壽者能活超過20年以上。一定要慎重考慮若今後遇到就職、轉職、搬家、結婚、生產等人生歧路時是否能繼續飼養，再迎接龍貓回家。

龍貓頭腦相當聰明，感受性豐富，因此當飼主忙得沒辦法一起生活時，身體容易變差。

獨居的話，當飼主生病或出差時能否委託家人或朋友代為照顧、寄放在寵物旅館，或是僱用寵物保母照料等，這些都得事先考慮清楚。龍貓是年幼的小孩無法獨力照顧的動物。若是一家人迎接龍貓回家飼養，就要擬定家庭守則，像溫度管理、食物管理、發現疾病等等，在大人的管理下，一起守護龍貓吧。

毛色豐富的龍貓

標準灰

是龍貓的野生色，每根毛呈現由淺到深的漸層色，因此會隨著毛量及生長方式的不同而呈現不同的毛色。表面略帶白色的灰色，腹部白色。又稱作自然色。

據說因生活在岩場，為了隱藏身體避免敵人發現，毛色才會變成接近岩石的灰色。

白色

全身幾乎都是白色，由於耳毛為白色，使得耳朵看起來像粉紅色。隨個體不同，有些個體的頭、耳、身體、尾巴根部等會參雜些許米色。眼睛為葡萄色及紅褐色。在白色龍貓當中，全身雪白、眼睛為粉紅色者也被稱作粉白色。

紫羅蘭

整體呈現偏藍色的紫羅蘭色，腹部為白色。毛色的深淺及光澤度會受到父母及祖先的毛色影響而產生變化。具有黑檀色血統、全身為紫羅蘭色者，稱為Violet Ebony或Wrap-around Violet等。

寶石藍

毛色比標準灰淡且偏藍色，腹部為白色者，稱作寶石藍。毛色的深淺會受到祖先毛色的影響，甚至呈現部分混色。具有黑檀色血統、全身為寶石藍者，稱為Sapphire Ebony或Wrap-around Sapphire等。

米色（肉桂色）

毛色呈現淺咖啡色，腹毛為白色。受到祖先血統的影響，毛色有深有淺。毛色的深淺不同，眼睛的顏色也會改變，有粉紅色、葡萄色、紅褐色及咖啡色等。與同樣帶有淺褐色基因的個體交配，生出毛色如奶茶般的淡米色個體，稱作Homo Beige等。

其他罕見毛色的龍貓

龍貓還有許多罕見的毛色，諸如乍看是白色，在光線照耀下頭部與背部呈現金色，稱作金條色（Gold Bar）；由帶有紫羅蘭與寶石藍基因的個體交配所生下的個體，稱作藍鑽石等。除了標準灰之外，在育種家的漫長歷史中，由於基因突變及改良誕生了豐富的毛色。新毛色的名稱固定下來得花一段時間，在這期間會出現各種毛色名稱。這些毛色名稱直接變成各國的叫法，這也是為什麼同一種毛色，隨國家不同會有不同稱呼的原因。只要世界各地的育種家繼續進行繁殖，今後龍貓一定還會出現新的毛色。

黑檀色

除了鼻尖及指尖外全身漆黑，毛色的光澤及深淺會受到祖先毛色影響而有不同，隨個體不同，有些胸部及耳朵會呈現淺黑色。由黑色以外其他毛色的個體所生下非純黑色的黑色個體稱為Hetero Ebony，全身咖啡色較重者稱為Mahogany或Charcoal。

絲絨黑

毛色為帶有光澤的黑色，腹部為白色。身體如同鑲邊般呈現由白到黑的漸層色。據說是所有光澤毛質龍貓的原始色。

混色（斑色）

耳朵為灰色，毛色為白底參雜著灰色等的花樣或斑紋。花樣與斑紋會受到祖先毛色的影響，而有銀白（斑色）、銀斑（斑色）、Unique Mosaic（斑色）、紫斑（斑色）、Beige Mosaic（斑色）等之稱。

咖啡色

毛色為咖啡色。

同樣都是咖啡色，腹毛呈白色的個體稱作絲絨棕，全身咖啡色的個體則稱作沙黃色或Brown Ebony。

龍貓的新品種「皇家波斯安哥拉」「Locken」「皇家帝國安哥拉」

1960年代，在美國因基因突變誕生了長毛種龍貓。之後美國的育種家成功研究出長毛種基因，於2005年向全世界發布新品種「皇家波斯安哥拉」。此外，在德國因基因突變誕生的捲毛種，之後也是由該美國育種家成功研究出捲毛種基因，於2007年發布新品種「Locken」。而在2017年，該育種家又發布了帶有上述兩種基因的新品種「皇家帝國安哥拉」。在日本，鈴木理惠於2011年首度引進了「皇家波斯安哥拉」及「Locken」龍貓，2018年首度引進了「皇家帝國安哥拉」龍貓，同時也持續進行研究，在活動等場合上發表成果。

龍貓的基本知識

人類與龍貓的歷史 ～一開始的12隻～

人類與龍貓的邂逅是一段充滿戲劇性又悲傷的歷史。

人類與龍貓共存時

野生的龍貓所棲息的安地斯山脈為寒冷乾燥地帶，當地的原住民印地安人為了度過寒冷，便將龍貓的毛皮製成衣服及寢具。這個時代，人類尚未過度獵捕龍貓，因此人類與龍貓得以和平共存，龍貓也不怕人，習慣人類的存在。

狩獵龍貓的開始

１５００年代，安地斯山脈淪為西班牙殖民地，西班牙人發現了龍貓毛皮的魅力，開始進行濫捕。之後人類為了賺錢牟利繼續濫捕龍貓，到了１８００年代，全世界開始盛行獵捕龍貓，１９００年代到達了巔峰。這時，人類才發現龍貓即將瀕臨絕種。由於龍貓體型嬌小，要製成一件毛皮大衣，需要用掉200～300隻的毛皮，因此人們持續濫捕了數萬隻龍貓。後來在１９１０年終於簽訂條約，嚴禁捕捉野生龍貓及商業輸出。

飼養龍貓的關鍵人物 查普曼

１９１８年，有原住民想將龍貓

兜售給在智利的銅山工作的查普曼（Mathisas F．Chapman）。查普曼相當喜歡，便買下龍貓當作寵物飼養。他希望有朝一日能將龍貓帶回美國作為寵物販售，並經營毛皮產業。1923年，查普曼終於取得了出國許可。

龍貓的祖先被當成寵物飼養

查普曼夫妻帶著11隻龍貓搭船出港。在抵達加州的途中有1隻死亡，但也誕生了2隻龍貓寶寶。

據說這12隻龍貓，就是現代作為寵物飼養的龍貓的祖先。

查普曼原先是為了取得毛皮而繁殖龍貓，後來漸漸被龍貓感情豐富的性情所吸引，對牠們疼愛有加。

請好好疼愛
感情豐富的我們！

Check! 日本開始飼養龍貓的時期

據說起源是1961年，三島市有位動物愛好者進口了龍貓。

之後自1970年代起，龍貓在繁殖生理部門被當作實驗動物。

但據說龍貓並不適合用於實驗，很快就廢止了。現在雖然沒有進行，不過當時日本國內有少數人為了取得毛皮而繁殖龍貓。

在日本積極嘗試將龍貓當作寵物飼養的是2002年出版書籍《The Chinchilla》的作者理查德．C．戈里斯。

戈里斯於1980年將龍貓從美國引進到日本，開始飼養。

在高溫潮濕的日本，龍貓的飼養過程並不順利，剛開始戈里斯處於摸索階段，後來繁殖成功，最多同時飼養了20隻龍貓，成為他生活中最重要的伴侶。

龍貓的基本知識

龍貓憑藉聲音與氣味來判斷事物

認識龍貓的敏感部分，了解其生活狀況。

①視覺

為了在任何狀況下都能察覺敵人，龍貓具有在黑暗中察覺細微光線的優異能力。光線太明亮則會感到刺眼。

此外，位於臉部兩側的渾圓大眼讓牠們具備寬廣的視野。即使眼睛不動也能約360度環視周遭狀況，但卻看不見眼前、上方及背後的景象。視力並不好。

②聽覺

龍貓的聽覺相當敏銳，能分辨遠方聲音及細微聲音的音質。巨大聲響會讓牠們嚇一跳。

龍貓不會流汗，因此靠耳朵來調節體溫。當身體變熱時，耳朵就會變紅散熱。

即使眼睛不動也能約360度環視周遭狀況

③嗅覺

龍貓的嗅覺也相當靈敏。最終會靠氣味確認事物。

牠們能夠瞬間確認地盤，判斷出吃過的食物、同伴及敵人。

鼻腔有可開闔的瓣膜，洗砂浴時能防止沙子跑進鼻內。

④鬍鬚

鬍鬚是龍貓相當重要的感覺器官，能判斷物體的大小、路寬、寬度及距離感。

為避免鬍鬚髒掉使感覺變遲鈍，牠們會頻繁做出將鬍鬚梳理乾淨的動作。當有物品靠近臉部時，牠們也會以鬍鬚遮臉，做出確認防禦行動。由於經常使用，意外地常會掉鬍鬚。

同時飼養多隻的話，鬍鬚可能會被其他個體咬斷，不過會再長出來。

龍貓身上包覆著一層蓬鬆柔軟的被毛，身體卻很嬌小，被身體兩倍大的被毛所包覆。

每個毛孔長有50～100根毛，約每3個月會更換新的被毛。

身體平均值

體長	約25～35公分
體溫	37～38度
尾長	約15～20公分
心跳	100～150次／分
體重	約400～900克
呼吸次數	40～80次／分

鬍鬚是重要的感覺器官

龍貓的基本知識

該在哪裡迎接龍貓需視條件而定

做好迎接龍貓的心理準備後，接著來看看要透過哪個管道迎接吧。

先克制急著想要「與龍貓一起生活」的衝動，慎重考慮後再選擇迎接龍貓的管道。另外，關於龍貓及飼養方法也要事先做功課，精神上、物理上及金錢上也必須做好準備。不論是哪種龍貓都很可愛，不過沒有做好準備就衝動將牠帶回家並非明智之舉。也要花時間尋找與自己契合度高的龍貓。

慎重考慮透過哪個管道迎接

迎接龍貓可透過向寵物店或育種家購買、透過認領養或是熟人轉讓等方法。

若選擇錯誤的管道，發生了不如預期的結果，那就本末倒置了。尤其是迎接地點的動物管理方式一定要好好看清楚。

向寵物店購買

從寵物店迎接龍貓是最普遍的方法。

最好選擇熟知龍貓相關知識，能設身處地接待顧客的寵物店。寵物店不僅會詳細說明如何迎接龍貓及飼養，接回家後有問題也能諮詢店家，令人相當放心。

此外，從寵物店迎接的好處是，

在挑選適合的飼育籠及飼養用品時店員也能給予建議，一併選購。

向育種家購買

日本的寵物店所販售的龍貓幾乎都是從國外進口的個體，近年來進口了各式各樣的龍貓，種類相當豐富。儘管如此，日本出生的個體具備適應日本的氣候、可得知成長史等優點，因此從本身從事龍貓繁殖的店家或是個人育種家迎接龍貓的人愈來愈多了。因為知道父母的資訊，育種家也會詳細說明之後成長的傾向與對策。

透過認領養迎接

透過認領養的話，由於送養者會列出各種條件，必須先仔細確認。個人送養者常會發生雙方各執己見的糾紛，最好先詳細請教送養者究竟是有償還是無償認領、領養對象的健康狀態及性情、過去的飼養方法等。

此外，若是送養者住得遠或是有特別原因的話，一定要事先確認遞交方式是否合理、有哪些遞交方式等，再準備飼育用品等迎接回家的準備。

Check!

迎接時需注意的重點

迎接龍貓時為避免後悔，有幾項必須確認的重要項目：

☐在不衛生的環境中飼養
☐太早離乳
☐體型太嬌小
☐身體瘦弱
☐沒有精神
☐有異常恐懼等身心問題　—等等。

僅透過網路聯絡，沒有事先讓購買人與購買的動物碰面進行確認、透過空運寄送、在作為動物處理業所登記的地址以外的場所與購買人見面交貨等，這些都是日本動物愛護管理法所禁止的行為。最好事先確認「迎接時的檢查要點」，以免發生問題。

龍貓的健康狀態也要仔細檢查。

＊有一部分是2020年6月動物愛護法改正後，在一年內所實施的內容。

龍貓的基本知識

了解分辨公母的方法及個性的特徵

認識龍貓的雄鼠與雌鼠的身體特徵及基本個性的差異。

雄鼠與雌鼠身體上的差異

雄鼠的生殖器距離肛門及陰莖突起的位置約1公分左右。雌鼠的生殖器則非常接近肛門。

雄鼠有睪丸，興奮或體溫上升時會脹大。

雌鼠的陰道位在生殖器的正中央，只有在每一個月到一個半月一次的發情期間，陰道口才會張開。

另外，同一血統的雌鼠體型大多比雄鼠還龐大。體格也會受到血統的影響而有不同。

雄鼠的個性

龍貓的繁衍為雌鼠居上位，因此雄鼠會仔細觀察對方，有和平主義傾向。

當雌鼠在附近時，雄鼠會在雌鼠發情期間頻繁發出叫聲引誘對方。

在群體當中，只有強大的雄鼠才

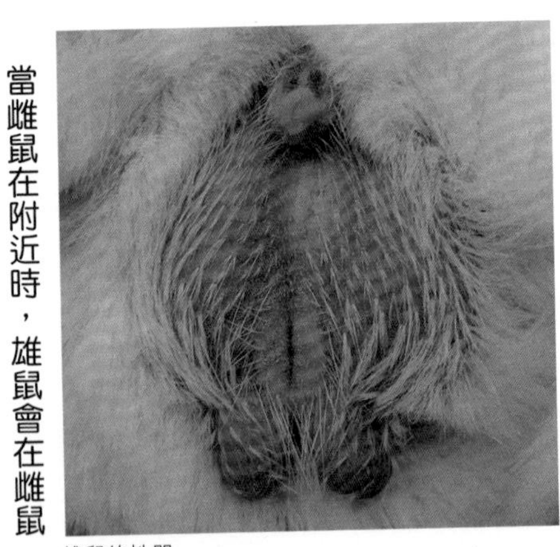

雄鼠的性器

能留下來，因此若有多頭個性相同的雄鼠的話，就會競爭激烈，一爭高下。

雌鼠的個性

雌鼠在發情期時是站在挑選雄鼠的立場，因此性情比雄鼠更剛烈。另外，母性本能使牠們擁有強烈保護自己身體的意識，被迫做不喜歡的事就會發火，甚至會撒尿。不過，雄鼠在生氣或警戒時也會撒尿。

原本雌鼠在群體中就占多數，因此雌鼠有追求和平的傾向，一旦敞開心房就會相當信賴飼主。

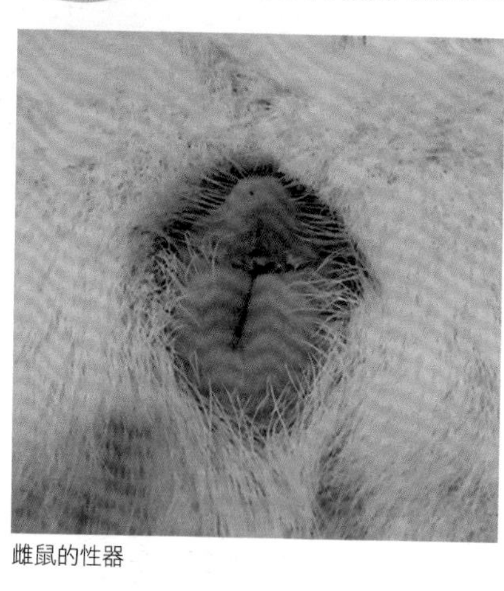
雌鼠的性器

認識龍貓的個性比了解雄鼠與雌鼠的差異更重要

相較於其他動物，龍貓屬於性別差異較少的動物。雄鼠與雌鼠均具有前面提到的一般個性的特徵，不過龍貓各有個性，性格也截然不同。

與人類一樣，有個性像雄鼠般的雌鼠，也有個性像雌鼠般的雄鼠。

最好充分理解龍貓的個性。

迎接時竟搞錯了龍貓的性別!?

有時迎接龍貓回家後，才發現性別與事前聽到的不同。

比方說購買時以為是雌鼠，卻發現睪丸鼓起；原本打算購買兩隻雄鼠，後來才發現其實是一公一母，甚至會發生計畫外的懷孕。

如果擔心的話，可以到動物醫院做性別判斷。

迎接寵物的準備

重點 6

挑選時的重點在於活力充沛、食慾好

想要盡可能在一起生活久一點，最好挑選健康的個體。

龍貓的健康檢查

先從外觀檢查龍貓的健康狀況。

我最喜歡咬東西了！

健康檢查項目

- □有沒有長眼屎或流眼淚
- □眼睛是否炯炯有神
- □體毛是否有光澤，沒有掉毛
- □有沒有流鼻水
- □有沒有變瘦
- □身體有無受傷或髒汙
- □有沒有食慾
- □是否常吃牧草
- □是否經常活動
- □是否排出又乾又硬的糞便

盡量多抱抱牠

如果發現了中意的龍貓，最好能多抱抱牠多接觸，確認牠是怎樣的個性，與自己的契合度好不好。

據說容易親近店員的龍貓也會比較容易親近飼主。

建議挑選看到臉及手貼近飼育籠就興致勃勃，活潑且好奇心強的龍貓。

最好挑選標準身材、常吃牧草的龍貓

盡可能挑選待在媽媽身邊比較久的龍貓，這樣的個體個性比較健全。即使龍貓在群體中已經斷奶了，離開父母也得花上一段時間。據說太早離開父母的龍貓容易精神不穩定，會變得比較容易怕東怕西。

出生後未滿三個月的龍貓因免疫尚未完全轉移，容易突然生病，因此再怎麼可愛也不建議帶年紀太小的龍貓回家。

多參觀比較寵物店及育種家等

最好到寵物店、育種家或是送養人家中實際去看中意的龍貓，也可以進行比較及肢體接觸。

由於龍貓白天睡覺，光是參觀籠內情況有時很難看出本性。盡量多抱抱牠們，仔細觀察牠們活動的模樣。

如有中意的對象，建議最好多去看牠。

屆時不妨參考重點4所介紹的「迎接時需注意的重點」之確認項目。

Check! 飼養龍貓之前

龍貓頭腦相當聰明，開朗活潑且感情豐富，一身蓬鬆的被毛摸起來很舒服，是相當有魅力的動物。

不過龍貓原本就是外來種，飼養起來並不簡單。為了與可愛的龍貓過上幸福的生活，得做好心理準備。飼養前，請檢查以下幾項項目。

①必須每天更換清水及飼料、打掃廁所
②必須每天使用空調及除濕機，做好溫濕度管理
③飼料費、消耗品費、電費及醫療費等都很花錢
④曾對牧草及砂浴產生過敏或發病
⑤能受理龍貓看診的動物醫院很少

建議最好只飼養一隻

不論飼養一隻或飼養多隻，龍貓都會喜歡飼主。不過喜歡的程度會出現差異。

最好只飼養一隻龍貓

只養一隻龍貓，與牠相處的時間較多，能仔細注視彼此的時間當然也會變長。

視龍貓的個性而定，建立信賴關係所需的時間及親密度不盡相同，不過飼主對龍貓而言肯定很重要。

最好一籠只養一隻

在人類的飼養下，龍貓之間就算合不來也沒辦法像野生時那樣離群索居。

此外，若將兩隻龍貓放在同一籠內飼養，會產生不知道究竟是誰吃了飼料、糞便是誰的、生病時不易找出病因等的難以判斷的盲點。

因此，一般家庭飼養龍貓的情況，原則上一籠只養一隻為佳。不過，重視群體的龍貓只要跟對方合得來就會相處融洽。無論如何都想飼養兩隻的話，最好先跟寵物店或送養人商量，評估兩隻的契合度。

飼養多隻龍貓時必須特別小心！

飼養多隻的問題範例

在寵物店曾發生過這樣的事例：白天時向批發業者新進貨的龍貓並沒有發生衝突或問題，店員便直接將牠與店內的龍貓放進同一籠內回家了，隔天早上卻發現龍貓死亡。

龍貓白天很睏，不大會產生過敏反應，到了夜晚清醒時，就會因恐懼及地盤意識而爆發爭吵。曾經發生過龍貓因激烈爭吵而身負致命傷，或是產生重大壓力及受到衝擊而死亡的事例。

也有發生過在雌鼠發情期時，因看不順眼的雄鼠靠近而咬死對方的事例。

同居組合

另一方面，若是從小一起同住的同性龍貓，也有順利同居的事例。

不過也有隨著成長而彼此感情惡化的事例，必須要用長遠的眼光仔細觀察與注意。

野生的龍貓只有少數雄鼠能待在群體內，常會發生父子或兄弟相爭，因此父子或兄弟的同居最好慎重進行。

即便是親子、兄弟或朋友，表面上看似相處融洽，也會出現其實其中一方一直在忍耐的情況。這種情況下，龍貓可能會在某天突然死亡，因此一定要時常檢查龍貓的食欲及體重。

獨居人士飼養龍貓的情況

也有獨居的飼主飼養龍貓。

不論回到家後再怎麼疲憊，每天都得做打掃籠內及餵食等照顧工作。龍貓一直在家等待飼主回來，因此散步之類的交流絕不可少。

一旦寵物生病了，就要帶去醫院做檢查。

夏季與冬季必須二十四小時開空調調整室內溫度，飼料費及購齊飼養用品也很花錢。

上述注意事項不僅限於獨居人士，特別是一個人飼養的情況，就必須自行負起飼養責任。一定要慎重考慮自己是否能珍惜及照顧龍貓到最後一刻，再去迎接。

重點 8

迎接寵物的準備

最好挑選網目細，具備高度與寬度的飼育籠

準備龍貓專用飼育籠，安全愉快地迎接龍貓吧。

挑選高度夠且夠寬敞的飼育籠

一到晚上，龍貓會變得超乎想像地好動。不但上下左右到處活動，還會做出出乎意料的舉動，因此最好準備夠寬且夠高的飼育籠。

最好選用寬60～80公分、高60～100公分、深45～60公分以上的飼育籠。

為避免龍貓在高度高的籠內摔落，不妨以螺旋狀方式設置踏板。

年幼龍貓的飼育籠

不建議使用狗、貓、倉鼠等非龍貓專用的飼育籠。

若將年幼的龍貓飼養在網目較大的飼育籠內，有將頭伸進洞口傾向的龍貓常會發生脖子卡住或是逃出籠外，結果造成死亡意外的情況。

飼育籠太小也無法自由跑跳，會產生壓力。此外，一開始就住在過於

龍貓喜歡的飼育籠範例

寬敞的飼育籠也會無法放鬆，必須多加留意。

選擇金屬絲網不易生鏽網目細的飼育籠最安心

金屬絲網最好選擇不鏽鋼製之類，不易生鏽，也不易被龍貓咬壞的安全材質。

另外，金屬絲網太細、塗層太薄等也是造成事故及受傷的原因。

不僅如此，龍貓的身體意外地纖瘦，即使是成鼠也能輕易逃出貓籠，最好挑選網目細的龍貓專用飼育籠。

龍貓也會記住開門的方法，最好使用龍蝦扣將出入口鎖住。

方便打掃也很重要

建議選購出入口較大，方便放入與拿取小屋及砂浴容器的飼育籠，打掃時比較方便。

除了正門外，附可掀式天花板飼育籠能方便拿取籠內上方的物品。

可拉式底網或底部托盤是設置許多踏板的飼育籠必備配件。另外，附腳輪飼育籠能方便打掃飼育籠的兩側、內部及正下方等。

對策

方便打掃及攜帶的飼育籠

打掃飼育籠時，有外出籠會很方便。

讓龍貓平時就習慣待在外出籠，移動時較不容易產生壓力。

建議選購側面及天花板可掀式的外出籠。

讓龍貓學會主動從側門進入籠內，帶去動物醫院給獸醫診療時，就能從天花板抱出來。

小型籠型外出籠

籠內的布置須根據狀況進行變更

龍貓的壽命很長，須視不同情況臨機應變。

打造能盡情運動的環境

龍貓是種運動能力相當高且非常活潑好動的動物。不妨在籠內設置踏板與閣樓（階梯）營造高低差，打造讓龍貓盡情運動的環境。

此外，籠內的布置也要因應龍貓的年齡、個性與健康狀況定期評估。

在籠內設置閣樓營造高低差

食物盆及飲水器的放置場所

由於龍貓常會翻倒食物盆，建議選用固定式或沉重的陶器製品。將食物盆設置在清楚可見的位置。飲水器在飲用時多少會有滴水的情況，最好避免設置在木製品上方。視情況而定，龍貓有時也會啃咬飲水器的固定器或是瓶身，甚至咬出洞，因此必須根據龍貓的活動傾向挑選飲水器的款式。

咬東西真好玩！

建議小屋及吊床各準備兩個

龍貓原是在岩場底下休息的動物，最喜歡狹窄且有些陰暗的場所。不妨替龍貓設置一個能進去休息的小屋吧。選用可充當小屋的砂浴壺也很不錯。

另外，龍貓待在高處會感到安心，若在天花板設置吊床，可能會成為牠喜歡的場所。不妨選購使用不易啃咬的素材或製法的吊床。

設置滾輪的注意點

在飼育籠內設置滾輪時，必須要摸清楚龍貓的個性。

首先，有啃咬癖的龍貓動不動就會咬東西，最好避免選用塑膠製品。

為避免跑步時滾輪偏移或脫落，最好選購可裝設在籠內固定的款式。

另外，滾輪太小會對龍貓的脊椎造成負擔，最好選購直徑35～40公分的大型滾輪。不過滾輪也很常發生事故，特別是想在籠內設置兩個以上的滾輪時，最好慎重檢討後再設置。

滾輪（直徑40公分）範例

不擅長記住如廁位置！

一般而言，龍貓常被認為不擅長記住如廁位置，不過近年來能記住如廁位置的個體愈來愈多了。儘管如此還是有個體差異，記不住的就是記不住。

龍貓獨居在籠內時，會自己決定籠內的使用方式，因此大多會在固定的場所尿尿。

不過龍貓的腸道經常蠕動，所以會到處大便。

正常的糞便呈乾燥狀且幾乎沒有臭味，但若在糞便上尿尿則會發臭，因此與尿尿一樣必須頻繁進行打掃。

迎接寵物的準備

在飼養用品上多花心思是提高舒適度的關鍵

備齊能讓龍貓住得舒適的飼養用品吧。

體重計

體重計是每天管理龍貓健康的便利飼育工具。

建議選用以公克為單位，最重可測量2～3公斤的體重計。

一般常將龍貓放進塑膠箱或是簡易外出籠內來測量體重。

電子體重計

先將容器放在體重計上，重量設定為歸0，接著再放入龍貓確認體重。只要每天練習量體重計，習慣後不放進容器內就能直接量體重。

便盆

一般常說龍貓記不住如廁位置，不過也有龍貓只要將便盆設置在常如廁的場所就會記住，因此也有將便盆設置在籠內的情況。最好將便盆設置在籠內角落，並選用重量夠重不會翻倒、咬也咬不壞的陶器製便盆。

陶製便皿

龍蝦扣

龍蝦扣

龍貓相當聰明，只要常看飼主怎

麼開關門就能學會。有時只要在想打開的場所持續隨便扭轉就能打開門。此外，龍貓只要一看到縫隙就會將頭與手鑽進縫隙，恐怕會脫逃。

最好使用龍蝦扣將門牢牢上鎖，作為防止脫逃的對策。

另外，當籠門的橡膠等變鬆時，也可利用龍蝦扣來固定。

季節對策用品

即使在四季分明的日本全年開空調，溫濕度仍然不穩定。這時，能輔助調節溫濕度的就是季節對策用品。

比方說為緩和炎熱，不妨使用大理石或鋁製的涼感板；使用寵物保溫燈預防寒冷徹骨及養病時防止身體變冷；使用除濕機調節濕度等。

各種涼感產品

寵物保溫燈根據用法有各種不同的類型，最好配合飼育籠及個體情況挑選合適的產品。

鋪在飼育籠底部的床材與墊材

鋪在飼育籠底部的床材，包括木屑、狗牙根等牧草、樹脂墊、金屬絲網、布製籠墊等。

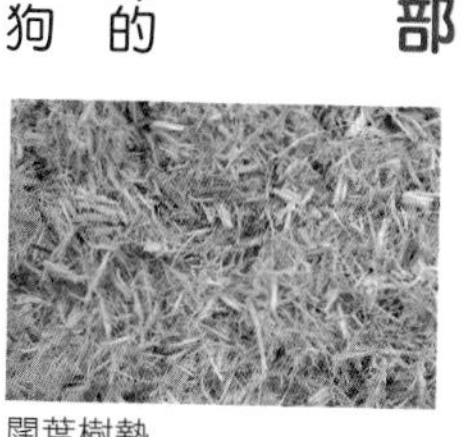

闊葉樹墊

若是使用龍貓專用附底網托盤式飼育籠，可在托盤鋪上木屑等，能消除排泄物臭味、防止被毛及鼠砂飛濺。底網上大多會鋪上木製或樹脂製踏板等，視情況而定有時被毛容易沾到尿液，因此也會鋪上布製尿墊等。

若飼育籠非底網托盤式的話，可以鋪上木屑，既不傷腳，吸水性也很強。

闊葉樹的白樺或楊樹木屑不易產生過敏，非常推薦使用。

鋪牧草的話，提摩西草容易腐壞，使用潑水性佳可維持乾爽、不易弄髒身體的狗牙根最合適。

迎接寵物的準備

重點 11

飼養龍貓少不了玩具類

龍貓最喜歡睡覺與玩耍，睡鋪與玩具再多也不嫌煩。

小屋與吊床

小木屋範例

讓龍貓作為睡鋪使用的小屋、吊床與布製床鋪，是讓牠們感到安心的必備用品。

木製小屋雖是用作冬季的禦寒對策，但有時也會發生短期間內被龍貓全部咬爛，充當玩具的情況。

請將龍貓的所有用品都當作消耗品。

砂浴容器與鼠砂

龍貓每天都要洗砂浴，砂浴容器與鼠砂就成了必備用品。

砂浴容器最好選用龍貓不易啃咬的玻璃、壓克力或陶器製品。

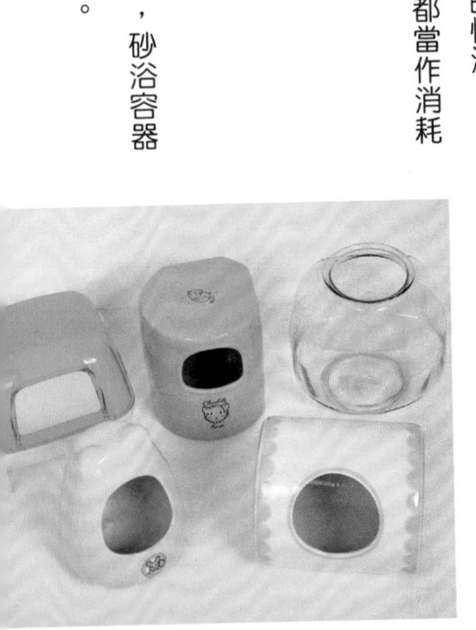

各種砂浴容器

善用棲木與踏板能讓龍貓快樂活潑地活動。

螺旋棲木

踏板範例

既可用來防無聊，也能解決運動不足的問題，一醒來就能活動相當愉快。

為防止跌落，布置大型飼育籠時最好加裝踏板。

玩具類

不妨給最喜歡啃咬玩具的龍貓用咬木、石頭及牧草製成的玩具等。

動腦遊具不僅能消除龍貓的欲求不滿，也能預防啃咬飼育籠的金屬絲網。

玩具範例

其他推薦的飼養用具

其他方面，龍貓有利用隧道藏身的本能，有隧道式用品能讓牠感到安心。

野生的龍貓會打造長隧道，以便穿梭在植物中、避免陽光直射，或是在不被天敵發現的情況下回到低海拔的場所。

另外，為了讓龍貓在籠內也能玩得高興，不妨在籠內設置上樓用的棲木。

對付喜歡咬飼育籠金屬絲網的龍貓，除了啃咬玩具外，亦可在籠內的金屬絲網裝設木製啃咬柵欄，可防止啃咬金屬絲網。

專欄 ❶

我們請以「目標是許龍貓一個光明的未來」為宗旨進行活動的一般社團法人日本龍貓協會理事長——前川桂子女士，為我們說明關於飼養龍貓所需的心理準備。

迎接前要先認識龍貓的生態及飼養條件

龍貓是相當聰明的動物。不但感受性強，表情豐富，而且重視夥伴，智力也相當高，擁有相當出色的才能。

若能與龍貓建立信賴關係，保持恰到好處的距離感並維持良好關係，龍貓與人類就能共度幸福時光。

儘管如此，飼養龍貓一點也不簡單。迎接牠們回家前，必須要滿足幾項飼育條件。

而在此基礎上，又該如何與龍貓建立良好關係呢？

那就是，總之必須要「充分了解龍貓」。在迎接前，重要的是先要熟記龍貓的基本生態及飼養條件。即便熟記了，實際接回家後，飼養過程也大多不像書中所寫的那樣順利。這時千萬不要獨自煩惱，最好到購買的店家或是找透過龍貓所認識的朋友商量。聆聽過來人的經驗談應該能紓解鬱悶的心情，得到找出解決線索的契機。

一般社團法人日本龍貓協會受理想飼養龍貓，或是剛開始飼養龍貓的新手諮詢，並舉辦飼養講座。

本會也提供可照顧龍貓、管理及整理身體狀況的APP「Chira Care」，並舉辦以會員為對象的防災講座等，介紹發生災害時該注意哪些事，討論是否該與龍貓一起避難等，同時也以促進各地區社區的活性化為目標。

龍貓仍有許多充滿謎團的部分，期許能與大家一同學習，蒐集更多相關資料，尋找更多並擴大讓龍貓生活舒適的環境。此外，也希望受理龍貓診療的動物醫院持續增加，讓龍貓及飼主都能安心生活。我們期盼能創造龍貓的光明未來。本會誠心與全國眾多會員一同努力活動。

一般社團法人日本龍貓協會
https://chinchilla.or.jp/

第2章

掌握照顧龍貓的方法

～接回家後每天的重點～

重點 12

迎接

別急著想讓龍貓早點親近人很重要

以「等待」的態度在一旁守候，不要著急很重要。為了讓龍貓習慣新環境，要讓牠知道籠內是最安全的場所。

最初第一週讓牠好好休息

為了讓龍貓習慣新環境，接回家後最初第一週讓牠待在籠內好好休息。

這時為了讓龍貓及早親近人，強行觸摸或是讓牠在外面玩，只會讓牠感到害怕。不要焦急，在一旁靜靜守候吧。

此外，你可以坐在飼育籠旁看書、靜靜地跟龍貓搭話，讓牠認識到就算飼主靠近也不可怕是很重要的。

日常照顧簡短扼要

剛開始餵飼料及飲用水、打掃等最好慢慢來且簡短扼要，別讓龍貓感到壓力。

另外，發出巨大聲響或是突然行動都會讓龍貓感到害怕，請盡量小聲慢慢行動。

讓牠記住飼主的聲音與氣味

首先，不妨叫喚龍貓的名字或打招呼，跟牠搭話。

這麼一來牠就會漸漸記住飼主的聲音。

尤其是在龍貓最喜歡的用餐時間，記得要叫喚牠的名字或跟牠搭話。

一邊叫名字一邊餵飼料

每天有事沒事叫喚龍貓的名字，牠很快就會記起來。最好盡量等待牠主動靠過來。

讓牠習慣飼主的手

一邊叫喚龍貓的名字，一邊將握拳的手伸進籠內，等牠主動靠過來。或是可以手拿食物，讓牠慢慢記住飼主的氣味。

這時若是一邊活動手指或張開手掌，一邊伸進籠內的話，可能會讓龍貓感到害怕。

若用握拳的手觸碰龍貓也不會害怕，就可以稍微打開手掌觸碰，讓牠習慣飼主的氣味。

對策

為什麼不吃牧草了？

幾乎所有的情況，原因都是出在餵太多牧草以外的食物。到了龍貓肚子餓的時間帶，記得要先餵牧草，固體飼料與乾果（特別的時候才餵的零食）也要遵守定量。

另外，牧草本身不好吃也是原因之一。不妨重新檢討購買的店家及保存方法。

牧草只要有濕氣就會變難吃，請避免日光及燈光直照，連同乾燥劑一起裝在密封袋或容器內保存。如果試過上述方法還是不吃的話，建議最好及早帶龍貓到動物醫院診療。

可以購買幾種牧草試吃組合等讓龍貓吃，了解牠喜好的牧草後再餵食。

飼養重點

檢查小屋內外狀況後再打掃

打掃是最重要的身體狀況管理。不衛生是疾病的根源。檢查排泄物是接收身體所發出的重要訊息的作業。

打掃飼育籠是飼主重要的任務

幾乎所有受傷與疾病都是在籠內發生。常保飼育籠的衛生與安全是飼主的義務。作為寵物飼養在籠中的龍貓與棲息在野生中的不同，飼主沒有妥善管理就無法存活。

為防止龍貓生病及受傷，就要負起責任每天打掃籠內，讓龍貓健康生活。

一邊打掃一邊檢查身體

打掃飼育籠之際，要仔細檢查龍貓將小屋及其他用品咬到何種程度、有沒有會絆腳的部分、有無容易造成受傷的部分等，這是預防受傷的第一步。

若踏台有髒汙的話，也要仔細檢查是糞便、尿、血液還是分泌物等。

另外，打掃籠內的同時也要檢查龍貓的身體，像是有無反應不良、有無受傷等。

而排泄物也是顯示健康狀態的重要指標。諸如糞便的大小與軟硬等、尿的顏色與量等，每天都要仔細檢查排泄物的狀態。

花點心思讓打掃更容易

若飼育籠附有托盤式抽屜，可在托盤鋪上寵物墊等，既能吸收尿液，也能連同糞便及牧草一起包起來丟掉，打掃時相當便利。

同樣地，也很建議在便盆鋪上尿布墊。

不過，不論是寵物墊還是尿布墊，龍貓的嘴巴及手都會觸碰到，如果龍貓會將墊材拿出來就不適合使用。為防止掉在托盤的毛及鼠砂揚起，建議可鋪上木屑。

知道龍貓尿尿的場所的話，可以在該場所使用除菌除臭效果高的廁所用鼠砂等。

選擇龍貓舔了也沒事的除菌除臭劑

當龍貓在籠外大小便時或打掃籠內時，可使用除菌除臭劑。

這時，最好選用龍貓舔到或是噴到身體也沒關係的產品。

另外，龍貓的尿時間一久會發出臭味，盡可能至少一天一次清除尿漬。

洗砂浴時的注意點

龍貓會洗砂浴。砂浴容器放在籠內或籠外都沒問題。由於砂浴用的是顆粒細微的砂子，洗砂浴時會揚起砂塵。不論選用哪種砂浴容器，龍貓從容器出來後都會甩動身體，鼠砂就會四處飛揚。

放在飼育籠或砂浴容器旁的精密機器等，必須要事先鋪上防塵套或搬移到其他房間去等。

最好勤於打掃，並在房間內放一台空氣清淨機。

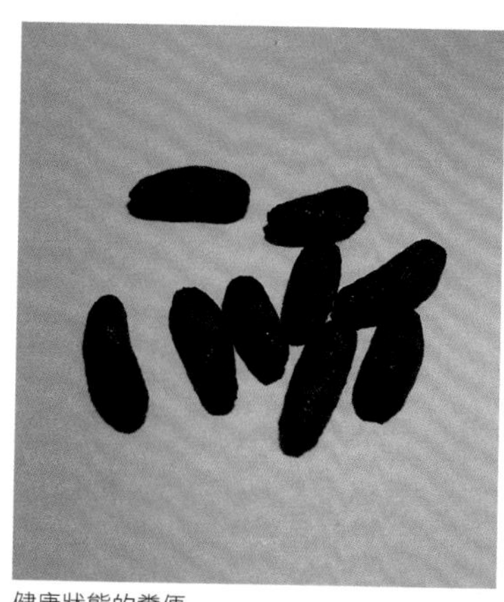

健康狀態的糞便

飼養重點

視身體狀況來餵食 主食提摩西草很重要

提摩西草是龍貓的代表性主食，最好因應身體狀況餵食。

龍貓的主食是？

龍貓為完全草食性，在野生環境下主要食用的是禾科植物、其他草類、種籽、樹皮及灌木等。

在飼育下的龍貓以1割提摩西草為主食。提摩西草含龍貓所需的必須營養素，偏硬的牧草能預防牙齒過長，促進腸道活性化。龍貓的腸道適合消化牧草，多攝取可促進腸道蠕動運動，預防便祕、軟便及下痢等。

其他可作為主食餵食的牧草

牧草的風味會根據收割時期、場所及保管方法的不同而改變。批量（lot，出貨單位）不同味道也會跟著改變，因此常會發生原本常吃的牧草突然不吃的情況。有鑑於此，最好餵食龍貓各種種類的牧草。

除了提摩西草外，諸如紫苜蓿、果園草、義大利黑麥草、燕麥草、小麥及大麥幼苗等牧草也相當有名，不過餵食過多提摩西草以外的牧草，漸漸地龍貓就會不吃提摩西草了，必須要注意。

特別是紫苜蓿的營養價值相當高，建議在幼年期、生產前後及生病時，在主食加一些紫苜蓿。

聰明餵食牧草的方法

牧草盒最好選用能固定在飼育籠上，可裝大量牧草且方便食用的產品。

發現牧草吃完了就要立刻補充，常保隨時都能吃牧草的狀態。

另外，拿來玩或變乾的牧草龍貓都不吃，即使覺得可惜也要丟掉。

1割提摩西草

2割提摩西草

龍貓與提摩西草

提摩西草一年可收成三次，因此有1割、2割、3割之分。

能吃1割的龍貓若是改吃2割的話，牙齒的磨損程度也會改變，這點要注意。

3割提摩西草

收穫期	身體狀態	特徵
1割	所有年齡層的龍貓	既粗且硬梗多。纖維質也很豐富。味道會隨產地及保管方法的不同而改變。需充分使用臼齒。
2割	因偏食、罹患牙科疾病或高齡，暫時對1割牧草的嗜好性變差時等	梗比1割來得柔軟且葉多。隨產地及壓縮方法的不同，種類相當豐富。若身體一時不適，沒辦法吃1割時，可改吃2割並加量。
3割	因罹患牙科疾病或高齡無法吃較硬的食物時等	梗相當柔軟且葉多。褐色葉偏多。建議在不想增加牙齦與下顎負擔時食用。

不可餵食龍貓的食物

千萬不可拿人類的食物餵食龍貓。如果餵食過多不能吃的食物，腸胃狀況就會變差。

因毒性強而不可餵食的食物有：洋蔥及長蔥等蔥類、韭菜、馬鈴薯芽、酪梨、大蒜、茄子、菠菜、桃子的種籽及生的豆類等。

另外，咖啡因也含有引起中毒的成分，必須特別注意。

為避免龍貓不慎食用喝到一半的飲料及桌上的剩菜，飼主需負責妥善管理食物。

飼養重點

聰明餵食固體飼料的方法

對於在飼育下無法自己隨心所欲攝取食物的龍貓，固體飼料是最佳的營養輔助食品。

餵食少量的固體飼料維持營養均衡

野生化的龍貓會發自本能地考慮到營養均衡，自行蒐集食物。被飼養的龍貓則無法自己覓食，想靠牧草維持營養就必須攝取各種部位及相當數量的牧草，因此除了主食牧草之外，還要餵食龍貓專用固體飼料作為副食。

另外，牧草不一定會全年維持一定的風味及品質，營養均衡也較不穩定，想要確實攝取穩定的營養素就必須餵食少量飼料。

餵食時機與次數

一天可餵食一到兩次固體飼料。

龍貓在晚上到深夜期間活動變得相當活潑，可以只在晚上餵食，或是早上餵少一點、晚上餵多一點為基本，有時玩到黎明的話白天會吃比較多。龍貓有東西只吃一半，剩下一半丟掉的習慣。如果食物盆內有飼料剩下，就要將舊的倒掉更換新的飼料。這時很難分辨究竟是龍貓沒食慾還是丟棄食物，因此下次倒入飼料時一定要仔細確認龍貓是否開始吃飼料。另外，固體飼料怕熱怕受潮，最好檢查賞味期限，將飼料密封後放在陰暗處保存。

聰明選購固體飼料

購買固體飼料時先購買在迎接前的住處所吃的品牌。之後適應環境後，如果想更換其他品牌的飼料，可參考口碑與評價或是詳細請教寵物店店員，選購評價良好、詳細註明原材料及營養成分、沒有使用著色劑及防腐劑的產品。

根據保存方法的不同，固體飼料很容易劣化。建議最好先檢查賞味期限等，在商品流動快的暢銷商店選購。

種類豐富的龍貓專用固體飼料

更換新的固體飼料

突然更換固體飼料時，可能會發生龍貓完全不吃、或是吃完了卻腸胃不適，出現下痢或食慾不振的情況。

不妨在至今所餵食的固體飼料中稍微混入少許新飼料，之後再逐漸增加新飼料的分量。

Check!

注意不要餵食過多的固體飼料

龍貓是以門牙咬斷堅硬的牧草，再用臼齒磨碎食物的方式進食，藉此磨損終生生長的牙齒來調整齒列。因此，牧草可說是在營養上、維持牙齒健康上不可或缺的糧食。龍貓吃固體飼料時幾乎不需用到臼齒，此外吃太多不僅會造成肥胖，也會漸漸不吃牧草。

飼料一天的餵食量基準約為體重的1～3%，會隨著體質、體格、運動量與肌肉量、被毛長度及毛量等而有所增減。

吃太多飼料是造成肥胖的原因

重點 16

飼養重點

餵食野草、乾燥蔬菜及乾果時的注意事項

可餵食的食物並不等於主食。最好充分理解主食與零食的差別。

野草

蒲公英、車前草、葛葉、枇杷葉、桑葉、柿葉等是龍貓最愛吃的野草，而且有益身體健康。一定要餵食乾燥野草。

蒲公英

至於非自家栽培、種植在屋外的野草，只要沒有受到妥善管理，就有可能被野生動物的糞尿、肥料或蟲等所弄髒，請盡量餵食市售小動物專用野草。即使攝取少量也會發生龍貓死亡的情況。

乾燥蔬菜

亦可少量餵食龍貓乾燥的高麗菜、胡蘿蔔、荷蘭芹、小松菜及青紫蘇葉等。野生時的龍貓沒有攝取水分多食物的習慣，也不喜歡吃水分多的食物，即便碰巧喜歡吃了也會腹瀉。

另外，乾燥蔬菜跟野草一樣，注意

紅蘿蔔乾

不要餵太多。

乾果

亦可餵食少量的蘋果、木瓜及枸杞等乾果，由於果糖含量多，是最需注意避免餵太多的食物，吃太多就會不吃牧草。視情況而定也會不吃固體飼料。可能會造成肥胖與牙科疾病。

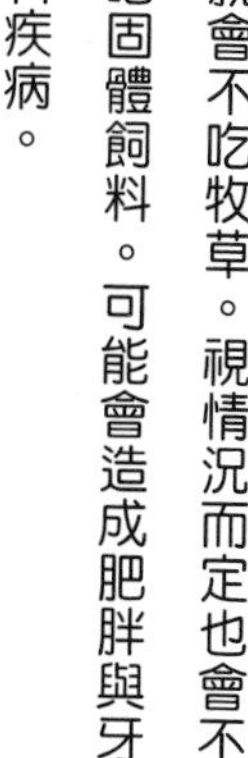

枸杞

要小心的植物

牽牛花、水仙、繡球花、萬年青、馬醉木、風信子等都是會造成龍貓中毒的植物。

觀葉植物及園藝植物當中也有許多對龍貓有毒的植物，必須特別注意。

一旦中毒就會出現下痢、嘔吐、血液變色、嘴邊發腫、痙攣等症狀。毒性強的話甚至會致死。

牽牛花是必須注意的植物

對策

什麼是餵食龍貓的零食？

零食不是主食。原本是不餵也行的食物。請將零食當作犒賞或是溝通工具。零食餵太多往往是造成龍貓不吃牧草最主要的原因。

只要能讓龍貓高興，也可拿固體飼料或牧草作為溝通工具。不過，並不建議藉由異常限制主食及固體飼料來掌控龍貓的活動。不要將飢餓與高興混為一談。

飼養重點

比起飲水盤，建議最好使用飲水器

沒有水就不能吃固體飼料。
要準備好飲用水讓龍貓隨時飲用。

建議使用飲水器 隨時都能喝到乾淨的水

龍貓原本就是飲水量少的動物，不過水卻是不可或缺的。

以前的飲水方法大多使用飲水盤，但常會被踢翻或是踩到而弄髒水，因此從衛生觀點來看推薦使用飲水器。

此外，龍貓非常喜歡咬東西，款式最好選用不鏽鋼製吸嘴，瓶身盡可能不會直接碰到金屬絲網的飲水器，或是選用不易啃咬的素材或玻璃製瓶身。

從飲水盤改成飲水器

如果飼養的是在購買店家或送養人家中使用飲水盤喝水的年輕龍貓，很可能沒用過飲水器飲水。這種情況，可以用手指轉動飲水器尖端的滾珠，讓龍貓看見飲水器滴水的樣子，或是將吸嘴拿到嘴邊也行。龍貓原是靠水的氣味掌握水源所在地，因此長大後幾乎所有龍貓自然就能學會用飲水器飲水。

不過，當龍貓嘴巴痛時就沒辦法用飲水器喝水。

每天換水一次

飲水器的水過一段時間就會腐壞。加上龍貓飲水時，唾液及口中殘留的食物殘渣等在飲水的過程中會流進瓶身，使水更容易腐壞。尤其在難以調整濕度及溫度的時期更容易腐壞，最好頻繁更換清水。

使用飲水器飲水

Check!

飲水器的注意點

儘管每天勤於換水，飲水器還是會變髒。必須要定期用小刷子將每個角落刷洗乾淨。

另外，飲水器前端的滾珠有時會卡住，換水時一定要轉動滾球後再裝設。

如果固體飼料沒有吃完，龍貓很可能是沒有喝水。

龍貓的飲水量也會隨著體格及吃的食物而有不同，大約是體重的5%～10%左右。若頻繁飲水的話，有可能是進行嚴苛的減重、精神不穩定或是生病，最好考慮送醫診療。

最近市面上也有販售只要放進瓶內就能過濾自來水所含的氯及次氯酸鈣，讓水變好喝的淨水棒。

飲水器範例

飼養重點

要注意塑膠製品，木製品為消耗品

龍貓是有啃咬習性的動物。
最好以啃咬為前提購買飼養用品。

選購陶器製餐具及木製或稻草製玩具

一旦讓龍貓啃咬塑膠製品或布製品的話，腹部就會囤積許多細微碎片及棉絮，可能會導致腸阻塞等疾病。

為防止發生上述問題，餐具最好選購陶瓷器製、不鏽鋼製或是強化塑膠等不易啃咬的材質，玩具則選購木製、稻草製或石製玩具。

另外，每隻個體的個性各不相同，不妨抱著期待尋找適合龍貓的玩具吧。

玩具種類及注意點

玩具包括吊在天花板上、裝在飼育籠側面或是放在地板滾動的玩具，素材種類也五花八門。

龍貓非常喜歡咬東西，時間快的話只需花費數小時到一天，時間長一點則約兩星期左右就會將所有玩具全部咬壞，不過這段時間卻相當有意義。尤其是在龍貓獨自清醒的半夜到的黎明這段時間，能藉此度過寂寞與無聊。

如果龍貓有吃掉啃咬物品的傾向，最好從一開始就選購可食用的玩具。

咬木、階梯及木箱為消耗品

請將咬木、階梯及木箱等當作定期淘汰或替換的用品。既可當作籠內方便活動的配件，亦可用來代替咬木。最好備妥存貨，發現快壞掉或有危險時就能馬上更換新品。

木製品可以選擇市面上販賣的小動物專用天然木製品。人類用木製品有些會含黏膠、防腐劑及防黴劑等等，若不慎吃下去會有危險。

另外，市面上販售的小動物專用木製品當中有些也會使用釘子或針，一定要避免選購。

高興地咬松果

玩玩具能緩和牙癢與壓力

龍貓的所有牙齒會終生生長。據說當門牙伸長時感覺尤其刺癢。因此為了消除門牙長長的感覺及生長，才會有拼命啃咬好咬物品的習性。不過不論咬任何物品，臼齒都不會磨損。

另外龍貓向來有靠聞氣味及啃咬來判斷事物的傾向。因此牠們會咬書本、皮包、壁紙及電線等，散步時上述物品不要放在龍貓旁邊，最好包上書套或是藏起來。

飼養重點

適合居住的溫度約22度左右，濕度為40%以下

想要替龍貓打造舒適的環境，必須調整溫度及濕度。

野生的龍貓居住在寒冷乾燥地帶

野生的龍貓居住在濕度幾乎為零，溫度時而低於冰點以下的寒冷乾燥地帶。在高溫多濕的日本飼養龍貓，調整溫濕度就成了絕對條件。若一天的溫度變化超過5度以上，就會容易生病。

根據地區及氣候的不同，必須全年開空調調整室溫，以因應4月起突然變熱。在濕度急速升高的6～10月最好與除濕機一起併用。

冬季防寒對策

若溫度持續不變，龍貓在較低溫的狀態還能繼續生活。如果家中有人的時段溫度25度，無人的時段為15度，龍貓沒多久就會生病。儘管如此，不論天氣再怎麼寒冷，管理溫度時都要讓室溫維持20度左右。建議可放置寵物保溫燈或是飼主本身進行微調整。由於暖空氣會上升，冷空氣容易下沉，若飼育籠高度較高，可分別在高處及低處裝設溫濕度計。

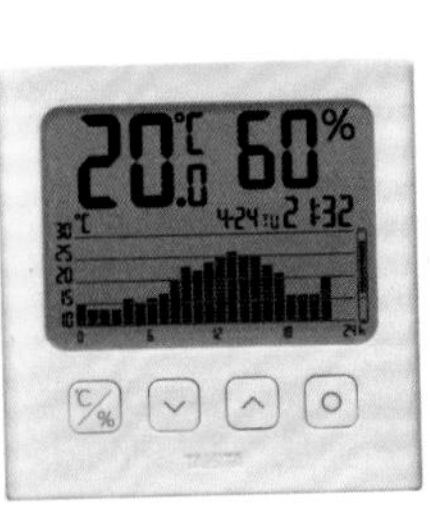

溫濕度計範例

夏季防熱及濕度對策

龍貓不會流汗，而是靠耳朵調節溫度，因此一旦體溫上升就很難降低體溫。夏季的溫度調整相當困難，即使室溫維持22度左右，濕度也很難低於40％。濕度愈高，龍貓就會愈不舒服。最好同時開啟除濕功能及除濕機等，必要時可在籠內放置冷感用品，這樣會比較安全。

夏季時可能會因突然下起傾盆大雨或是打雷而停電，這點也要特別注意。外頭炎熱時，即便屋內涼爽，龍貓仍有可能會中暑，因此在室內散步時必須考慮到降低室溫等的對應。

清潔空調

夏季時頻繁使用的空調常會在重要時期壞掉。一旦開始飼養龍貓後，屋內常會毛髮及鼠砂飛舞，空調的負擔也比一般運轉時更大，最好頻繁清理冷氣濾網等。

不妨在空調上方貼上具有一定程度防砂效果的濾網，或是定期請專人清洗空調。

對策

空調與溫濕度計為必備用品

空調與溫濕度計是飼養龍貓的必備用品。

視迎接時原先居住環境的溫度而定，接回家後就要馬上慎重設定溫度。儘管溫度為適溫，剛出生不到半年的龍貓原是處在黏在母親身旁的時期，因此空調的設定溫度需比舒適溫度高1～2度。

龍貓約在10歲左右邁入高齡期，更怕溫差過大，因此溫度管理必須更加慎重。

體格良好、肌肉與毛量多、長毛種等的龍貓大多怕熱，記得將溫度調整為比設定溫度低1～2度。

重點 20

飼養重點

避免產生毛球的方法

毛球是讓龍貓產生壓力的原因之一。最好學會不易產生毛球的飼養方法。

毛球是龍貓的壓力來源

自毛根脫落的毛髮與其他毛髮纏在一塊，就會集結成毛球。一旦產生毛球，皮膚會呈現被毛球拉扯的狀態，這對龍貓而言並非良好狀態。不僅會不讓人觸碰身體，心情也會焦躁不安，甚至會自己拔毛。此外，一旦產生毛球，身體就會不透氣，產生更多毛球，既會悶住身體，也容易得皮膚病。

不會產生毛球的生活方式

溫濕度一定要維持一定狀態。室溫不穩定及濕度上升是產生毛球最主要的原因。室溫決定了龍貓的毛質與毛量，如果身上產生許多毛球，就得重新檢視溫濕度了。另外，不擅長洗砂浴也很容易產生毛球。這是因為身體的汙垢、掉毛以及多餘油分沒有徹底清除乾淨，毛髮就會變得容易打結。不妨重新檢視砂浴的環境，像是更換顆粒更細微的砂浴用鼠砂、每天替換鼠砂，或是改用其他更容易洗砂浴的容器等。另外掉毛較多時，可從臀部往頭部方向逆毛撫摸，使掉毛浮出身體表面後再洗砂浴，掉毛較不會結塊。

可在家中進行的梳理毛髮

首先，先抱起龍貓坐在椅子或地板上。

開始進行毛球護理前，可用梳毛用噴霧等稍微噴在被毛上，先用手溫柔撫摸龍貓全身身體，再用手回收掉毛。

這時如有發現毛球，可用手輕壓毛根試著慢慢拔掉毛球。

如果覺得用手拔毛球很難的話，可先用針梳等梳開毛髮。如果產生大到怎麼也梳不開的大毛球，或是毛髮呈現毛氈狀時，為避免危險可用剪刀剪掉毛球。只是這項作業需要相當的技術，最好由兩個人一起進行，或者是委託專家或動物醫院來處理。

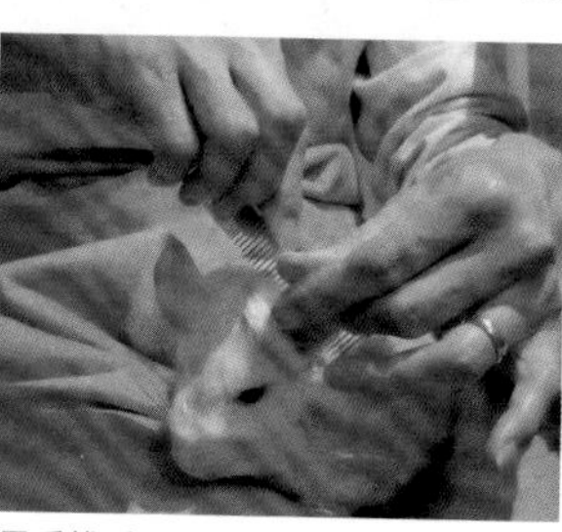
用手拔毛

清理毛球到一定程度後，就可改用回收掉毛專用梳輕柔地梳毛。

有不少龍貓不喜歡臀部梳毛，不妨從背部開始梳理，尤其是臀部一定要溫柔梳毛。

最後，沒問題的龍貓就可用梳子梳理毛皮。

對策 梳毛並非必要的

只要平常徹底進行溫度管理與做好護理工作，大多龍貓並不需要梳毛。儘管如此，仍有龍貓因毛質及毛量，不管怎樣都會長毛球。此外，由於人的手溫暖且富含油分，與飼主感情太好或是飼主過度觸摸，龍貓的毛就會變得有些潮濕，自然容易長毛球或是毛髮光澤度及毛質惡化，這時最好讓龍貓徹底洗砂浴。這樣才會發動本能：天氣熱就拔毛，天氣變冷就長毛。

最好的換毛期對策，就是全年保持相同的溫度與濕度。這麼一來，不僅能讓龍貓的體溫變穩定，也能減輕換毛期的壓力。

重點 21

飼養重點

維持健康少不了洗砂浴

砂浴是管理龍貓身心健康不可或缺的習慣，這點一定要知道。

每天至少洗一次砂浴

居住在寒冷乾燥地帶的龍貓，身體會分泌一種名叫羊毛脂的油分，能在異常乾燥的環境保護皮膚。藉由洗砂浴能既能清除多餘油脂，還能護理全身。

砂浴的功能相當於人類的洗澡，能洗去身體汙垢、掉毛及多餘油脂，維持皮膚及被毛的清潔。更重要的是還具有神清氣爽的效果。

為了維持龍貓的健康，每天至少洗一次砂浴。

洗砂浴的時間與鼠砂用量

每次洗砂浴的時間約1～10分鐘。根據龍貓的個性、體格及毛質的不同，洗砂浴的時間與方式也會有不同。

視砂浴容器的大小而定，如果放過多的鼠砂龍貓就會在裡面尿尿，因此適當用量約2～3匙洗衣粉量匙。與其一次倒入大量鼠砂，連續一星期使用同一批鼠砂，不如每天使用少量的新鼠砂才

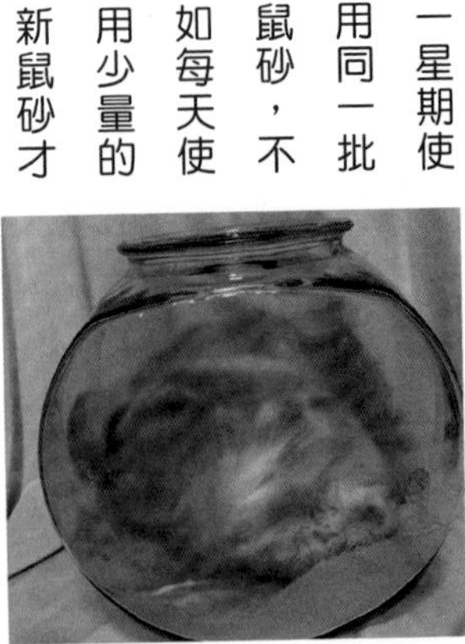

洗砂浴

能確實維持身體清潔。

選擇適合身體尺寸的砂浴容器

最好配合龍貓的體型選擇大小足以翻滾的砂浴容器。建議選用可作為小屋兼用的容器或是陶製的容器。玻璃製容器則可清楚看見龍貓在砂中翻滾的模樣。

另外在洗砂浴時，鼠砂容易溢出容器外，最好選用較深的容器。儘管如此，龍貓爬出容器後會甩動身體，濺得四周都是砂子。

鼠砂的顆粒大小很重要

龍貓的身體表面覆蓋一層濃密的毛髮，能隔絕冷氣。因此在進行兼具洗淨皮膚功能的砂浴時，必須使用柔滑且顆粒相當細微的鼠砂才能深入毛髮。請務必使用龍貓專用鼠砂，並根據身體特徵來挑選。若想從慣用的鼠砂更換其他品牌的鼠砂時，可先混入少量他牌鼠砂來更換。鼠砂質地會影響龍貓的健康維持及生活品質。

顆粒細緻的鼠砂

Check!

千萬不可使用偏硬的鼠砂

挑選鼠砂時要特別注意的是，龍貓在洗砂浴時會吃砂子，有時砂子也會跑進眼睛及鼻子。因此千萬不可使用倉鼠專用鼠砂、廁所專用的硬質鼠砂以及原材料不明的鼠砂。

此外，當砂子跑進眼睛裡時，龍貓會用手腳摩擦，有時會刮傷眼睛或是引發結膜炎。

若眼睛出現異常症狀時，請停止洗砂浴，立刻帶龍貓到動物醫院接受診療。

假使多隻龍貓住在一塊，共用砂浴容器，在有個體罹患傳染病或皮膚病的情況下，可能會傳染疾病，最好各自使用自己的砂浴容器。

重點 22

飼養重點

每天檢查身體

對飼主而言，透過觀察觸摸等檢查龍貓的身體是每天的例行工作。必須每天勤於進行。

檢查食慾是否異常

食慾是最重要的健康指標。龍貓是否一如往常的進食、進食方式有無不對勁、是否出現想吃卻無法順利進食的動作、牧草與龍貓飼料有無剩餘、是否偏食等，都要仔細觀察。另外，每天最好在同一時間提供等量的水，並檢查飲水量。

觀察龍貓外觀的變化

每天要檢查龍貓眼睛是否張開、是否清澈、有無長眼屎或流淚、有無流鼻水、是否流口水、呼吸是否急促等。

此外，也要仔細觀察外觀，像是毛色及光澤是否良好、有無掉毛、有無拖著腳走路等，有助於每日檢查身體的工作。

檢查排泄物

排泄物也是訴諸身體不適的重要方法，一定要每天檢查排泄物，諸如糞便是否比平常小、量是否較少、有無出現軟便或下痢、尿液是否混有血液、是否發出異常臭味、排便及排尿時是否感到疼痛等，都要仔細檢查。

定期量體重

不一定要每天量體重，不過定期測量記錄體重可看出每月及全年的傾向。另外可在室內散步時，將量體重當作遊戲的一環來教導龍貓，這麼一來雙方就不會排斥量體重。

龍貓的外觀相當蓬鬆，不易看出體型，因此有時得透過定期診查才會發現體型瘦弱或是罹患疾病。

若用餐量不變體重卻減輕或是逐漸變重等，也有可能是生病了。

記錄表範例

姓名：　　　　日期　●年■月▲日

本日體重：　　　g

本日遊戲時間：下午●點～下午●點

	主要檢查項目	種類	量（g）
食物	主要餵食食物		g
			g
	零食		g
健康狀態	情況	有精神・沒精神	
	糞便狀態	正常・異常	
	在意的事		

對策　每天觀察很重要

每天記錄龍貓的食慾、排泄及身體狀態，能讓飼主回顧龍貓身體狀況何時開始變差等，也有助於管理身體狀況。

另外，診察時給獸醫看觀察記錄，獸醫較容易察覺疾病的徵兆與原因，也較容易擬定治療方針。

一旦養成記錄的習慣，自然就會仔細觀察。龍貓不但會隱藏疾病與症狀，相關疾病之謎尚未解開，也尚未奠定治療方法，不過有不少龍貓因早期發現早期治療而得救。

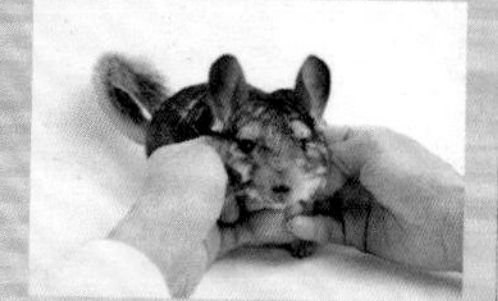

一邊觸摸一邊檢查身體狀況

重點 23

飼養重點

出生後3個月開始展現獨立心

龍貓出生後3個月開始萌發自我意識，憑自己的意識展開行動。

剛出生的幼鼠幾乎是縮小版的龍貓

剛出生的龍貓寶寶體型相當嬌小，體重約40～70克。不但眼睛張開，毛也長齊，連牙齒也幾乎都長出來了。出生後馬上就能步行，開始吸母乳。

出生後暫時只能喝母乳，若是分泌不出母乳，幼鼠就會長不大。

出生後1～8週

龍貓出生時的大小與之後成長後的體型差異相當大，約出生10天左右就能吃牧草及顆粒狀固體食物，不過仍以母乳為主食。飲乳量的比例也會隨著成長而改變，出生後6週以上飲乳量就會大幅減少，這時開始慢慢步入離乳期，不過視體重及精神狀態而定，出生後2～3個月以前最好還是讓幼鼠與母鼠一起生活。

不過雄鼠的性成熟較早，出生後約2個月左右就會長出睪丸，這時

就要與母鼠分開。出生約2～3個月時為了獨立，身體會開始進行被動免疫轉移，這段時期的身體狀況也較不穩定。

出生後3個月～1歲

出生後3個月時起，龍貓就會萌發自我意識，開始有自我的主張。「我想要～」的心情會增強。視成長狀況而定，出生滿1歲約相當於國中生時期，即所謂的青春期。

幾乎所有的龍貓都在此一時期達性成熟，感情變得很豐富，像是有喜歡的對象、產生敵對心等。

Check! 日常做好正確的健康記錄管理

為了與龍貓長期相處，飼主必須致力做好健康管理，舉凡是隨時檢查寵物的健康狀態、用餐內容及體重等，確認食物內容及體重等是否與平時無異等，這些當然很重要。

可是，上述管理大多憑藉飼主經驗上的感覺、簡易備忘錄或個人的記憶。一旦去醫院時，若不能正確告訴獸醫何時開始、發生什麼變化、出現期間多久等資訊，有時會無法做出正確的診斷。

此外，因為缺少正確記錄而傷腦筋的情況也很常見，像是遇到將愛鼠寄放在寵物旅館、朋友家中或是必要時……等，飼主必須正確告知愛鼠情況之際。

平時使用愛鼠專用筆記或APP等做好正確的記錄，是飼養當中相當重要的一環。

舉例來說，有專為守護龍貓成長而開發的龍貓專用APP。

這款APP能夠隨時隨地輕鬆做好日常記錄，還能將飼養的龍貓之詳細資訊（照片、生日、出生地、迎接日、去勢／避孕有無、個性及特徵、平時的飼料筆記等）記錄成「愛鼠資料卡」，亦可以PDF形式下載。

為了心愛的龍貓，請養成正確記錄的習慣，避免仰賴曖昧的記憶，以便隨時都能迅速告知正確的資訊。

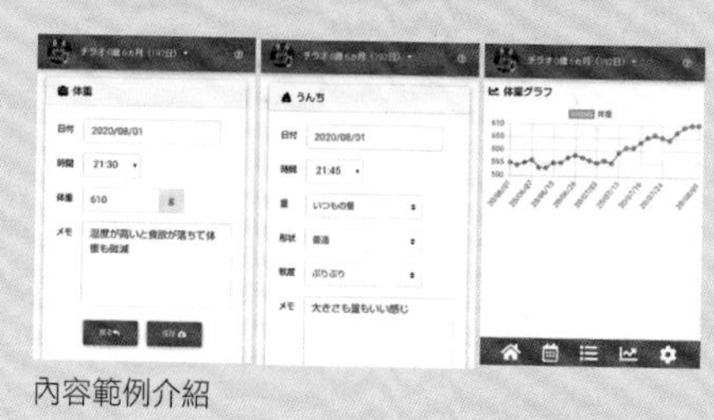

內容範例介紹

首頁選單畫面

出處：龍貓專用健康記錄管理Web APP「Chilla-Care」／一般社團法人日本龍貓協會

※「Chilla-Care」是一般社團法人日本龍貓協會會員專屬服務。

重點 24

飼養重點

1～5歲為青年期，雌性首次懷孕期為1～2歲

請避免在未滿1歲的成長期懷孕及生產。

1～2歲是雌鼠的懷孕適齡期

雌性龍貓是在出生後4～8個月達性成熟。

儘管如此，1歲以前龍貓的身體正值成長期，因此性成熟並不代表可以懷孕。龍貓的懷孕生產過程不是普通地困難，在成長期懷孕會對身體造成極大負擔。身體發育完全的1～2歲才是初產的適齡期。

3歲以後身心都成熟了

龍貓在2～3歲以前身體會進行微調。像是稍微變胖、毛量變多，或是長相有些改變等。以人類來說相當於高中、大學時期，已經過了調皮的青春期，懂得思考後再行動。3歲以後，龍貓不論是在精神上或是肉體上都已臻成熟，進入容易心意相通的時期。到了5歲以後，不僅溝通能力會提升，個性也變得沉穩。

3～5歲是龍貓的壯年時期，也是成為群體中心的年齡層。由於處在會為了夥伴尋找食物，或是替夥伴養育孩子等，保護群體而工作的世代，從這時起會變得相當在意飼主的行動。

重點25

飼養重點

6～8歲為壯年期，7歲時起身體開始出現變化

龍貓的平均壽命為10～15歲。約9歲左右開始進入老年期。

青年期到中年期的年齡很難區分

龍貓的智力及運動能力都相當優異，當身體發育完全後，年齡也變得難以區分。在不知道生日的狀態下領養此一年齡層龍貓的話，雖可藉由觀察陰部及腳底的模樣粗略判斷年齡，但因有個體差異，很難判斷準確。在某種意義上，龍貓可說是一直常保青春的動物。

7歲時起有些個體的身體開始出現變化

自7歲起，嗅覺、視覺等五感及行動開始變遲鈍，進入身體的轉折期，如腰腿的強度會出現變化等。身體會漸漸出現變化，從9歲開始就要做好進入高齡期的準備。身體會開始出現衰弱，必要時不妨重新評估籠內布置、健康管理及食物。

奇數年要注意

據說逢3歲、5歲、7歲、9歲等奇數年的年齡，是龍貓身體的轉折點。在當年的生日前夕最好到醫院接受詳細診查，或是避免身邊周遭發生急遽變化，比較保險。9歲時，因準備進入高齡期，常會發生身體不適，徘徊在生死之間。最好避免因「快滿10歲了！」而一時大意，疏於觀察。

重點 26

飼養重點

10歲以後為老年期，必須比以往更注意溫度管理及跌落意外等

到了老年期，身體對溫度變化的適應力及運動能力都會下降，因此必須更加注意。

特別注意整天及每天的溫差

龍貓邁入高齡後，身體不像年輕時一樣能順應冬季的寒冷與夏季的炎熱。

尤其是溫濕度變化不僅容易造成身心的壓力，免疫力也會受到強烈的影響。免疫力降低就容易生病，因此必須比以往更注意溫度管理。

五感及運動能力一落千丈，甚至動作變遲鈍

不妨在飼育籠內下點工夫，減少或降低籠內的高低差，為避免龍貓跌落受傷，重新評估籠內布置或是使用材質不傷腰腿的敷材等。另外，老化的個體差異極大，最好因應龍貓的個性提供妥善的協助，盡量讓牠過著減壓的老年生活。

重新評估食物

雖然也有高齡龍貓不論幾歲腰腿及牙齒都相當硬朗，不過大部分龍貓年屆高齡後，肌肉及牙根就會老化，咬合力也會減弱，因此常會留下不少牧草梗或是變得不吃牧草。不妨讓龍貓試吃能吃的部位及不會太硬的小牧草。

另外，必須要費點巧思讓進食更

順利，可利用能毫無負擔地增加咀嚼次數的牧草球或容易咬斷的飼料等。

如果進入超高齡，已經完全不能吃牧草及龍貓飼料的話，亦可改用水沖泡粉狀飼料，餵龍貓吃流質食物。

每天都是新的一天

龍貓進入超高齡期後，除了溫濕度的變化外，對於飼主及世間的小變化也會變得相當敏感。這是因為適應力減弱，沒辦法順應「與平常不一樣」的情況。昨天還沒什麼問題，今天狀況就不大順，這種情況會逐漸增加。相反地，也可能發生昨天做不到，今天卻做到了的情況。

肉眼看不見的老化會使身體機能日漸衰退，受到當天氣候、睡眠及營養等的影響，身體機能也會時好時壞。不要老想著「明明昨天還辦得到」，最好將每天當成嶄新的一天，要仔細觀察、不要漏看龍貓每天的狀態，多在身旁陪伴牠。

在日本壽命超過20歲的龍貓變多了

在日本，龍貓飼養普及化不過才過了幾十年。從飼養者增加的時代開始算起也才20年不到，因此沒被當作長壽動物。

不過隨著ＳＮＳ的盛行，看到不少與年齡15歲以上的龍貓一起生活的飼主的發文。相信有不少人是因為「寵物店店員說龍貓壽命只有7歲」，才開始飼養龍貓。

２０１４年，一隻活了「29歲又229天」的龍貓登上金氏世界記錄，「龍貓相當長壽」的概念也頓時被社會大眾所認知。

龍貓在高溫多濕的日本能變得如此長壽的原因，首先得歸功於飼主對龍貓的深厚感情。

專欄 2

我們請長年來參與龍貓的飼養研究，曾請教及採訪眾多龍貓飼主的鈴木理惠女士為大家說明。

讓龍貓長壽不生病的祕訣

這項祕訣不只適用於龍貓，同時也適用於所有動物，維持適合所迎接動物的溫度與濕度、保持飼養環境衛生、每天花時間進行照顧、室內散步等溝通活動，能讓動物身心保持穩定。身心的穩定能讓動物遠離「疾病」，結果就能「延長壽命」。我因為工作關係，有許多機會與飼養各年齡層的龍貓飼主交談，我向他們請教活力充沛又長壽的龍貓生活上有何祕訣，飼主們異口同聲地回答我說：「每天過著一成不變的生活。」

小動物隨時都懷著可能遭到捕食的恐懼生活，不喜歡重大刺激，只求過著「今天也和平常一樣」的每一天。因此，不規則的生活會誘使牠們本能上產生不安，容易陷入情緒不穩的狀態。一旦情緒不穩，自律神經就會紊亂，容易導致身心免疫力降低。尤其是龍貓，自律神經直接關係到腸胃狀況。一旦腸胃功能紊亂，亟可能會引發眾多疾病。

而與此同時，龍貓也很容易受到飼主的影響，這也是其特徵之一。當飼主因工作忙碌匆忙晚歸，在家時間很短，或是私生活出現靜不下來、疲憊、焦躁、不安及悲傷等狀況，大多龍貓會與飼主的身心狀態產生連結。因此，飼主自身一定要過著穩定的生活，避免精神不穩定，每天不忘與龍貓溝通，像是不要荒廢每天與龍貓的例行工作、遵守與龍貓的約定、每天都要傳達重視牠的心情等，這些都是飼養龍貓相當重要的事。

第3章

重新檢視飼養方式及居住環境

~重新檢視飼養方式及居住環境的重點~

重新檢視飼養方式及居住環境

想與龍貓好好相處，避免增加恐懼感很重要

要考慮龍貓的心情自然而然地交流。

不要勉強龍貓適應

即便是活潑好動、看起來總是很愉快的龍貓，在搬家後的前幾天其實相當緊張。

有些龍貓在開始飼養後約一個月左右就能適應新環境及飼主，也有些個體在開始飼養後已經過了一段時間仍處於緊張狀態。此即所謂的個體差異，請配合龍貓的步調耐心等候。

另外，飼主對龍貓大吼大叫會加深牠的恐懼感，盡量語氣溫和地跟牠說話。

請多呼喚龍貓的名字並出聲跟牠搭話，像是每天打招呼、閒話家常等。籠內也要隨時保持清潔，以免徒增龍貓的不安。

耐心等待龍貓敞開心房

一言不發就突然觸碰身體、從上方或在背後追趕，或是用不穩定的抱法強行抱起來，都會讓龍貓感到害怕，產生警戒。請避免在龍貓身旁大聲喊叫或發出巨大聲響。只要決定好並遵守每日例行工作，充滿關愛地對待牠，一定能建立信賴關係。

理解龍貓的個性好好相處

猶如人的個性與性情各不相同，龍貓個性也是百百種，沒有完全一模一樣的龍貓。因此就算按照理論同樣對待龍貓，得到的反應也各不相同。儘管如此，只要常呼喚名字，龍貓一定會記得。每天細心觀察，就能理解牠靠叫聲及肢體語言想傳達的意思。不過，太順從龍貓的欲求會讓牠變得任性，因此決定好如何與龍貓一起生活後，雙方就要以建立遵守生活守則的關係為目標。

抱起時要檢查身體

將手伸進籠內，等龍貓站到手上後再溫柔抱起來。不妨善用龍貓想要外出的心情，使龍貓靠在兩手及胸前，練習抱抱。學會抱法後，比較容易發現身體的異變。（參照重點28）

對策　讓龍貓在籠外散步時的注意要點

當龍貓適應了人類及環境，開始出現想要外出的舉動時，就能讓牠到籠外散步。

剛開始用圍欄等先隔出一個狹小的範圍，飼主再跟龍貓一起進到圍欄內。在狹小的空間內，龍貓可以將飼主的身體當作體育運動來遊玩，較容易進行交流。

不過龍貓可輕易跳過70公分高的高度，偏低的柵欄或網目較大的圍欄等會讓牠逃跑。散步時不妨在柵欄高度與材質上花點心思，緊盯著龍貓跟牠一起玩。

在籠外散步的龍貓

重點
28

重新檢視飼養方式及居住環境

學會增進感情的聰明抱法

不會讓龍貓感到不安才是飼主與牠們維持良好關係的抱法。

學會聰明抱法

龍貓原本就不大喜歡抱抱。原因是，野生時身體不由自主地浮在空中就意味著「被捕食」。儘管如此，為守護龍貓的健康，被飼養的龍貓有不少必須透過抱抱來檢查身體、清潔乾淨或是餵藥等情況，學會聰明抱法後，必要時就不會煩惱。

面對面視線相交

首先每天稍微觸摸龍貓，讓牠習慣身體接觸很重要。千萬不要強行觸摸。練習時不妨將食物放在掌心餵食，避免讓牠感到害怕。訣竅在於：先跟龍貓面對面視線相交搭話，讓牠知道你的存在，這時再用雙手溫柔地從腳底將牠抱起來。

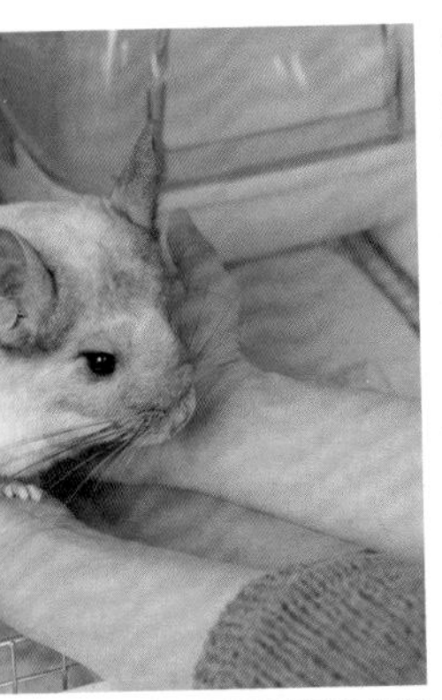

與龍貓四目相交，用兩手溫柔捧起

在穩定狀態下抱起來

龍貓非常害怕雙腳懸空。抱起龍貓後要立刻讓牠站在其中一手上。

另一手則從胸前支撐前腳大腿根，讓牠的身體輕輕靠在自己胸前。

雙腳一懸空，龍貓就會開始掙扎。萬一跌落了就會受傷或骨折，因此萬一龍貓掙扎也不能讓牠離開雙手，而是用全身包住龍貓保護牠，以免跌落。

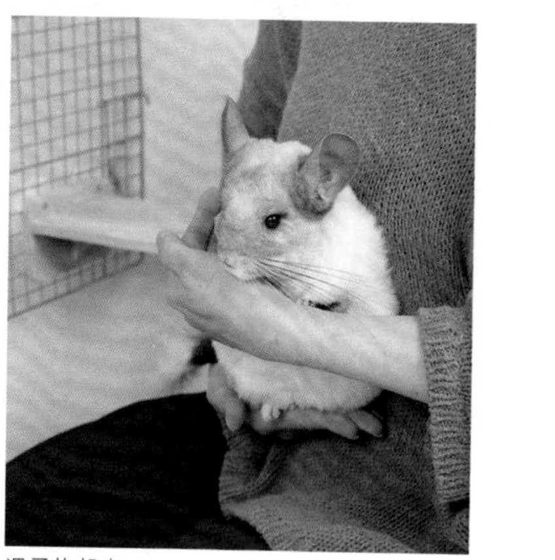
溫柔抱起來

抱起時的注意點

為了從天敵手中逃脫，龍貓的身體構造為一受到衝擊就會掉毛。

因此當龍貓遭到部分強大的力道或衝擊時，甚至會全身掉毛。另外若是握太緊時，可能會造成肋骨骨折或是壓迫內臟。

有時被毛得花好幾個月才能長齊，最好盡量不要強行抓住或是驚嚇龍貓。

Check!

如果龍貓害怕離開飼育籠的話

如果龍貓害怕離開飼育籠的話，可以先練習從籠內出來。

這時若能先將飼育籠的入口打開，讓牠能自由出來時，牠有可能連碰都不敢碰，必須注意。

當飼主坐在飼育籠前抱起龍貓時，最好在籠前等待龍貓主動走出籠外。

不妨將食物放在手上餵食，練習讓龍貓站在手上。

等牠主動出來

重新檢視飼養方式及居住環境

使用小動物專用安全打掃用品來打掃飼育籠

為避免龍貓生病，請務必定期打掃飼育籠，保持生活環境的清潔。

日常打掃

先用小掃帚將吊床、小屋及踏板內的糞便掃到下方，有髒汙的場所再使用小動物專用清潔噴霧來去汙。

較常排尿的籠內角落的尿垢、底網及踏板容易成為發臭及飼育籠生鏽的原因，最好先擦拭再清洗乾淨。最後倒掉飼育籠最底部托盤的髒東西。

數日一次的打掃

訂立定期清洗日，清洗飲水器、餐具、玩具及踏板。一發現髒汙當然就要立刻清乾淨。

地板鋪有木屑或牧草的話，有髒汙的部分要馬上更換，每隔幾天就要更換新的木屑或牧草。

清洗飼育籠及底網

至於可拆卸零件的飼育籠，一發現汙垢就要清洗各個零件。抽取式底網飼育籠最好每週整個清洗一次，較不容易產生汙垢或生鏽。金屬絲網在潮濕狀態下放置不管就很容易生鏽，所以洗淨後一定要晾乾。

由於籠內設置許多踏板，整個飼

育籠的金屬絲網清潔工作就會很花時間，得將踏板拆卸清洗後再裝上。最好盡量挑選方便打掃的飼育籠。

打掃飼育籠的流程

1 將掉在踏板等的糞便、鼠砂及牧草掃掉。檢查食物盆及牧草盒等內有無髒汙。

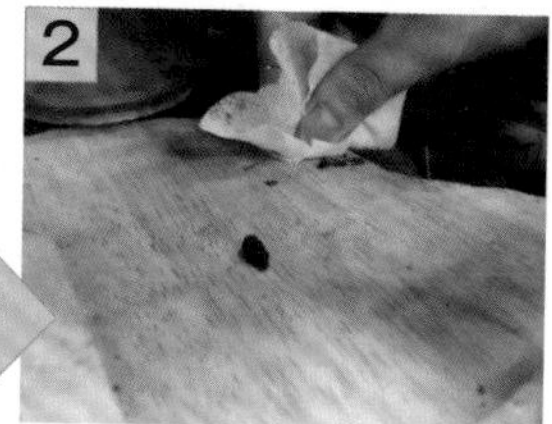

2 如有髒汙，可噴去汙噴霧後再清除。若是嚴重髒汙的話則拆卸清洗。

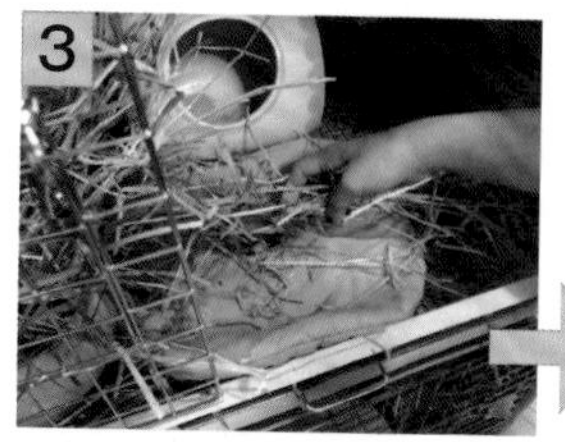

3 丟棄掉下的牧草及糞便，清洗踏板及敷墊。同時檢查龍貓用品是否位在危險場所。

4 可拆卸底網者則將底網拆卸，檢查角落、小髒汙及金屬絲網的生鏽等。

5 將底網裝回去，一邊撿掉下的牧草，一邊將金屬絲網全部擦乾淨。

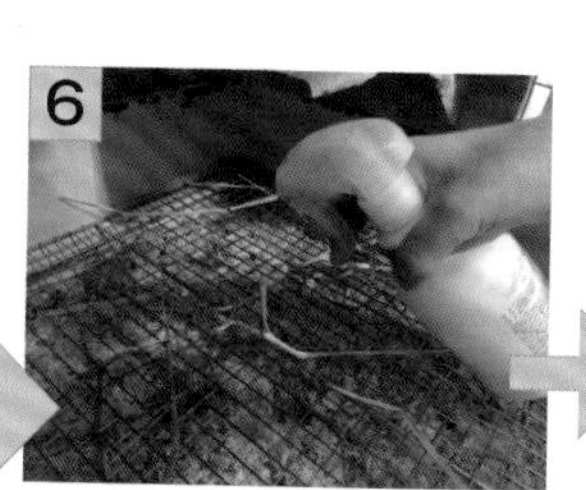

6 特別髒的場所要噴大量清潔劑，用刷子刷洗後，再擦乾水分。

7 使用木屑的話，可挖掉髒汙部分。或是將木屑全部丟棄後再更換新的。若是使用小動物專用保潔墊則換更新的。

Check! 打掃時需注意的要點

為了龍貓的安全，洗劑最好選用100%天然素材製，加水稀釋後再使用。附著在踏板等的糞便汙漬，用熱水就能輕鬆去汙。

飲水器上有許多溝槽，容易滋生水垢及苔蘚，可使用小刷子等來徹底洗淨。有時龍貓也會在食物盆內尿尿，不容易察覺。牧草盒也是一樣。最好連底部也要仔細檢查並清洗乾淨。尿液噴到食物上很快就會腐敗，容易滋生細菌及長蟲。有時半夜時龍貓動個不停，屎尿也會濺到籠外，因此飼育籠周圍最好不要放置物品。

重點30

避免將飼育籠放在門窗及電視附近

為了讓龍貓居住舒適，也要注意飼育籠的放置地點。

避開有人進出頻繁的場所及電視機附近

請避免將飼育籠放在有人進出頻繁、難以清靜的玄關、房間出入口、窗邊附近、室內正中央、會發出噪音的電視以及啟動中的電子產品的附近。

而廚房旁也在煮菜時濕氣會變高，溫度也不穩定，同時也容易發出吵雜的聲響，最好避免放在這裡。

避免放在窗邊

請將飼育籠放在龍貓能安心生活的場所

窗邊有陽光直射，雖然可視情況裝上遮光窗簾，但籠內仍會變熱。此外，窗外的風、冷空氣及熱空氣容易進入屋內，籠內的溫差會隨著氣候不同而變大，容易使龍貓生病。

另外，空調送風直吹的場所也不易調整體溫，最好避開。

放在離地板有些高度的場所較安全

地板的溫差比想像中還大，走路時也會揚起塵埃及產生振動。而離地板約20公分高處則常有風吹拂。

最好使用附腳輪的台座，將飼育籠放在離地板約20～30公分高的場所，可避免溫差。

也要避免放在房間角落

或許有不少人會將飼育籠放在家具上或是房間角落。

可是房間角落不僅不通風，空氣循環也很差，容易產生濕氣。如果非得放在角落的話，至少得離牆約20公分。建議使用循環扇讓室內空氣流通。

不可放置飼育籠的地點

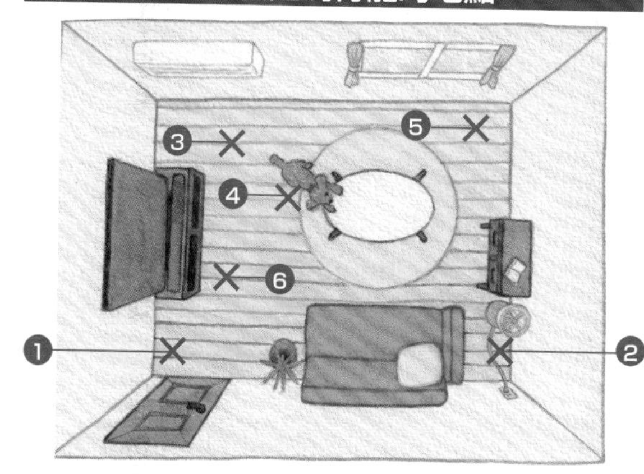

①房間出入口等有人頻繁進出的場所。

②插座會接觸飼育籠或是飼育籠會壓住電線的場所。

③空調送風直吹的場所。

④與其他動物共處的房間。

⑤陽光直射的場所。

⑥電視或音樂播放器等聲音吵雜的場所。

Check!

記住其他最好避開的場所

龍貓在白天睡覺。若飼育籠的天花板上方正對房間電燈，白天也一直開燈的話，會讓龍貓靜不下來。不妨在飼育籠蓋上遮光布或是避免放在燈光的正下方。另外若放在非靠牆的地方時，由於從四面八方都看得到飼育籠，會讓龍貓靜不下來，最好使用不易啃咬的素材遮住飼育籠的背面及側面。除此之外，也要避免將飼育籠放在個性不合的龍貓、狗、貓、雪貂及白天會發出聲響的動物附近。另外，也請避免將飼育籠放在會發出聲音的電子製品附近。每個房間一定會有忌諱的場所，安置好飼育籠後一定要仔細觀察龍貓的狀況是否變差。

獨自在家

飼主暫時不能照顧時的應對方法

飼主因旅行、出差、住院、避難等情況，短期間無法照顧龍貓時，一定要事先考慮該如何應對。

獨自在家以一晚為限

即使在非盛夏或隆冬的良好季節，在外過夜也是以一晚為限。尤其是夏季，龍貓獨自在家時不知何時會發生停電等造成電氣系統斷電等難以預料的狀況。假使一整天都不在家時，一定要安排必要時到家中照顧龍貓的人。儘管如此，萬一要外宿一晚時，一定要事先備妥分量比預定天數還多的牧草及固狀牧草等，並裝設多個飲水器。

請仔細檢查飼育籠的門等是否都裝上龍蝦扣，平時有無留下可供逃走的空隙，以及有無致傷的場所。

一定要多準備主食（提摩西草等牧草）

寄放在動物旅館或動物醫院

亦可採取寄放在寵物旅館或動物醫院的方法。

首先，要事先確認能否寄放龍貓、想預約的日期是否有空位等。

此外，最好預設因交通問題無法回家的情況，在寄放時最好備妥比預定天數多兩天份的食物。可將食物分裝成小包並寫上日期。寄放時一定要將注意事項等寫在紙條上，交給負責人員並說明清楚。

如果龍貓的性情容易緊張或是身體狀況上有顧慮的話，寄放在動物醫院比較安全。

聘請寵物保母

還有一種方法就是聘請寵物保母到自宅照顧龍貓。

請務必事先與寵物保母開會，詳細告知照顧方法及龍貓的個性等。可以的話最好在外宿前，找一天在家時委託寵物保母到府照顧。

另外，寵物保母與寵物旅館一樣，突然取消時需支付取消手續費，請事先確認合約內容。

拜託家人或朋友照顧

亦可採取請家人或朋友到家中照顧龍貓，或是寄放在家人或朋友家中的方法。

這種情況下，一定要事先確認家人或朋友家中是否能調整適合龍貓的溫濕度，或是有無飼養龍貓害怕的動物。如果沒問題能寄放的話，請務必將龍貓的用餐量、一天的生活方式、打掃方法、萬一身體不適時的處理方法等注意事項寫在備忘錄上交給對方，以口頭說明後再委託對方。

對策

提升緊急時的經驗值

飼主不光只有因旅行或出差而不在家。最近也發生不少飼主被捲入意外或災害當中的案例。有時也會因生病或罹患傳染病而住院。飼主不在時所帶給龍貓的不安遠超乎飼主的想像。因此，因為不安，許多龍貓看家時常會發生意外或身體不適。從未離開身邊的飼主，一旦因突然出國旅行或住院等長期不在家，會讓龍貓超乎想像的不安，常會發生食不下嚥的情況。最好定期帶龍貓做檢查或是請朋友到家中玩等，增加外出及與他人接觸的機會，提升經驗值，這麼一來，緊急時龍貓較不會產生不必要的壓力。

春天要注意氣溫的溫差

一天溫差達5度以上的時期要特別注意。

春季要注意氣溫溫差

到了春季，白天和煦溫暖，夜晚仍氣溫驟降，是早晚溫差相當大的時期。

這個時期，雖然在人的體感上感覺相當溫暖，其實氣溫仍有些許寒冷。特別是幼齡、高齡及養病中等的龍貓必須更加注意溫度管理。

野草的季節

春夏交接時期適逢野草的季節。這個時期，可在庭院或陽台享受栽種家庭菜園的樂趣，去經常光顧的商店購買當令野草或訂購野草也不錯。每當季節交替時龍貓容易產生壓力，當令野草能幫身體補充能量。可配合功效享受挑選野草的樂趣及效果。

飼主的環境容易變化的時期

春季是飼主的環境變化較多的時期，像是升學、畢業、就業、轉職、調動、人事異動、職務變更及搬家等。由於上述原因，飼主容易精神不穩定、靜不下來、忙碌或是身體狀況變差，都自顧不暇了，自然容易懈怠龍貓的照顧工作。

因此，有時飼主會沒有發覺龍貓排泄物的變化及偏食等，或是很晚才發現生病。當處在忙碌時期時，一定要深呼吸，好好考慮龍貓的事。畢竟龍貓是容易受到飼主精神狀態影響的動物。

將牧草作為墊材鋪在底部

大型連假期間長時間外出讓龍貓獨自在家時

黃金週假期（4月底5月初）前後是這個季節最難預料溫差的時候。因誤以為是最舒適的時期，容易疏忽溫濕度管理。雖然白天熱得像盛夏般，有時早晚仍有些許寒冷，因此沒有採取任何避暑對策就讓龍貓看家，回到家中後才發現龍貓因中暑而亡的案例所在多有。因此讓龍貓看家時，一定要開空調調整溫度。別因為遊玩季節來臨就興高采烈，龍貓的溫度管理千萬不能疏忽。另外，如因旅行等因素長期不在家的話，請參照重點31。

Check!

將牧草當作墊材鋪在底部時要注意腐敗

春季時室溫會突然上升，熱氣容易囤積在墊材中。不論是木製踏板或是木屑也一樣，特別是籠底鋪上牧草的情況，尿尿的場所溫度會升高，使牧草容易腐敗。一旦牧草腐敗了就會滋生黴菌與細菌，容易促使龍貓罹患皮膚病或傳染病。因此弄髒的部分要盡早清除掉。避免牧草腐敗，千萬不要放任牧草腐敗不管。

因應四季打造居住環境

重點 33

夏天要注意衛生方面及濕度管理

日本的夏季有梅雨，光採取讓溫度變涼爽的對策是不夠的。不要將門窗緊閉，偶爾也要開窗讓外頭的新鮮空氣進入家中。

注意濕度

梅雨季到盛夏的季節，對不喜高溫多濕的龍貓而言是特別難熬的時期。

濕度會讓龍貓的毛髮換氣變差，使皮膚不易呼吸。毛髮帶有濕氣身體就會變沉重。另外，濕度一高，籠內也會壟罩著混濁的空氣，一點也不衛生。混濁的空氣會使體內的氣流動惡化，罹患皮膚疾病及其他疾病的機率也會提高。

這時就要更頻繁打掃，並使用除濕機徹底做好濕度管理。

順帶一提，如果龍貓的被毛一點也不蓬鬆的話，就表示濕度太高，要特別注意。

注意飼料有無發霉

室內溫度一上升，牧草就很容易吸收濕氣，馬上就會變得不好吃。原本牧草就很容易長蟲，有極高的機率會吸引一堆蟲。若將飼料存放在濕氣重的場所，就會容易發霉。連固狀飼料也會因濕氣而變質劣化，變得不好吃。因此新的飼料開封後，一定要放入乾燥劑確實封住袋口，或是倒入密封容器內放在陰暗的場所妥善管理。

增加洗砂浴的頻率也是一種辦法

在室內濕度怎麼也降不下來的時期，增加龍貓洗砂浴的次數也不失為一種方法。畢竟是身心容易感到壓力的時期，洗砂浴能有效轉換心情。

不妨提高洗砂浴的頻率，原本一天一次改成一天兩次吧。

偶爾讓外頭的新鮮空氣進入家中

在夏季及梅雨季時，為了提高空調冷房的效果，會一直關緊窗戶。一旦濕度上升，室內空氣就會變得稀薄混濁，因此讓新鮮空氣流入室內也很重要。

不妨在氣溫變熱前的早晨等將窗戶打開，讓室內一天換氣一次。

夏季要注意濕度！

Check!

注意中暑

對龍貓而言，夏季的炎熱程度超乎飼主的想像。不管室內變得再涼快，這個時期在室內散步也可能會發生中暑。

龍貓能感受到一天當中最炎熱時段的外頭空氣，即便室內變涼，仍會感到炎熱。請在籠內裝設冷感踏板及冷感板等，預防中暑。空調或循環扇的送風一直直吹的話，可能會使龍貓身體陷入低溫狀態或是神經系統紊亂，要特別注意。

另外，為預防停電時空調中斷，建議最好事先將瓶裝水放在冷凍庫冷凍備用。

涼感天然石

因應四季打造居住環境

秋天就要做好過冬準備

秋天是為了迎接寒冬的準備期間，也是食慾之秋。注意別讓龍貓吃太多。

販售1割提摩西草

1割提摩西草是龍貓的一般主食，不過味道會隨著收割時期及保存方法不同而改變。新收割時期幾乎所有提摩西草都很好吃，這個時期是讓龍貓重新認識提摩西草美味的機會。不過，也有些新收割的提摩西草開始發售時期是在盛夏。

徹底做好體重管理很重要

到了秋季，龍貓為了迎接冬季容易囤積脂肪，同時也會食慾大開。

野生的龍貓一到冬季，能吃的牧草就會減少，人類飼養的龍貓則能穩定攝取食物。

因此，龍貓會攝取過於充足的營養，因而容易發胖。

這個時期要避免餵食不必要的食物，零食也要盡量節制，徹底做好體重管理。

而相反地，為了迎接冬季，最好避免讓龍貓進行極端的減重，這樣會比較安全。特別是年紀將屆高齡期，突然進行減重的話身體會出狀況。龍貓是否肥胖最好找獸醫商量。

迎接冬季的防寒對策

由於夏季較長，冬季也會提前來臨，於是秋季成了最不穩定的季節。因季節交替不明確，一不小心就會忘記做好寒冬來臨的心理準備，而晚秋也是早晚溫差極大的時期。

當室內溫度低於攝氏20度時，就可以開始進行迎接冬季的防寒對策。

室內的溫度管理要確實進行，並做好萬全的保溫對策，像是使用空調及小動物專用保暖板、籠外放置可局部保暖的電暖器等。尤其是幼齡、高齡、養病中的龍貓有時會因急遽寒冷而喪命，必須特別注意。

另外，最適當的溫度會隨著個體不同而異。

平日就要仔細確認龍貓的樣子，飼主應因應不同成長階段及健康狀態，打造適合該個體溫暖舒適的居住環境。

便利的寵物保暖板

對策 季節交替時因溫差大容易掉毛

龍貓的被毛為雙層構造，由粗而堅硬的護毛與柔軟的下層毛所組成。以龍貓為例，這兩種毛髮的長度幾乎相同，沒有太大的差異。每天都會更換毛髮，藉由洗砂浴使掉毛脫落。另外，龍貓會配合溫濕度調節毛量，當季節交替及室溫溫差愈大，沒辦法順應溫差，就會一直掉毛。盡可能維持穩定的溫濕度，就能預防毛髮急遽更替。儘管如此，若是每天偷懶不打掃就會毛髮滿天飛，空調及空氣清淨機等也會吸入不少毛量。一定要勤於打掃。

空調及空氣清淨機的濾網常會堵塞，也要勤於清理濾網。

冬天的室內溫度要注意避免低於攝氏20度以下

冬季時打造溫暖的環境是理所當然的事，但要注意避免過度溫暖。

徹底做好溫度管理

野生的龍貓在嚴寒中，會一家人身體緊緊相依相互取暖，在岩場底下生活。在酷寒的環境中免疫力會下降，出現疑似感冒的症狀，嚴重時甚至會轉變成肺炎。最好將飼育籠放在風不會從窗戶旁及縫隙吹進屋內、幾乎沒什麼溫差的場所，根據溫濕度計確實做好溫度管理。

避免溫度太冷或溫差太大

龍貓本是棲息在寒冷乾燥地帶的動物，因此有些飼主會將牠放在相當寒冷的環境。不過在四季分明的日本家庭中住慣的龍貓，已不像野生時那樣耐得住極寒溫度。

請將室內溫度調整至最低不要低於攝氏20度以下。視情況而定，龍貓雖能承受低於20度以下的溫度，倘若一天內溫差超過5度以上，即使是冬季身體也會出狀況。有時一度變暖的室內突然急遽變冷，也會造成攸關性命的情況。

冬季時飼主在的時間與不在的時間溫差容易變大，一定要特別注意。

慎選寵物電暖器

以前常用鳥用保暖板代替電暖器來保溫，現在小動物專用電暖器的選擇性相當多樣。最好配合龍貓的年齡及用途，了解產品機能後再選購。保暖板為平放在底部使用，不適合常在上層度過的龍貓。另外也有可放在踏板上、裝設在飼育籠上、掛在籠外等各式寵物用電暖器，也有具遠紅外線效果的類型。

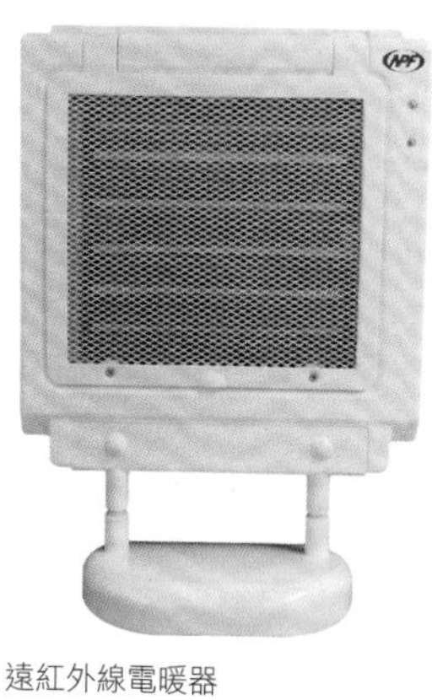

遠紅外線電暖器

預留能避開暖氣的空間也很重要

裝設保溫器具時，注意避免溫度過於溫暖。比方說只在半個飼育籠裝設寵物電暖器，或是僅設定加溫二樓的溫度等，預留能讓龍貓避開暖氣的空間。

另外，熱空氣會上升，冷空氣則下降。由於在人類高度的空氣比較溫暖，自然就會忽略下方的寒冷。因此冬季也要使用循環扇等，讓室內空氣循環。

Check!

幼鼠及高齡龍貓的特別注意事項

剛接回家的幼鼠及高齡、生病中、病癒後、懷孕中、育兒中及剛結束育兒的龍貓，其免疫力會比一般成年龍貓來得低。

12月到1月期間會有某天天氣急遽變冷，但究竟是哪天難以判斷。天氣驟冷會使上述龍貓冷得厲害。特別是日本幾乎所有的醫院都會在年底年初休息，不受理一般診療，負責醫師不在，加上飼主返鄉等因素，造成相當多發現時為時已晚的案例，因此一定要好好注意。

如有萬一的情況，請務必事先決定好前往的醫院。

專欄 3

我們訪問到創設日本第一家龍貓專用布製品品牌「Margaret Hammock」的開發者鈴木理惠女士，請教她創立品牌的心路歷程。

在龍貓界空前轟動！瑪格麗特吊床的開發過程

我秉持「給愛鼠安心與安全」的理念，用心開發出不論是身體健康還是患有疾病或殘疾的龍貓都能過上更美好生活的產品。

創立這個品牌的契機，源自與我的愛鼠——患有殘疾的「瑪格麗特」的邂逅。牠非常喜歡在我的衣服裡睡覺，為了讓牠在我不在時也能安心入睡，我從國內外訂購許多小動物專用墊及吊床進行研究。看到「瑪格麗特」在籠內也能露出天使般睡臉時，我開始湧出這樣的心情：「我想讓更多人看到龍貓可愛的睡臉。」

之後，我朝著正式商品化為目標展開行動。我心想：「只要使用讓龍貓覺得舒服的布料，不就能避免啃咬嗎？」最後找到的就是現在Margaret Hammock使用的布料。在遇到擁有卓越的知識與技術的PLUS工房社長一色先生後，我為了「瑪格麗特」所試作的作品便一個接一個地商品化了。

所有產品都是使用讓龍貓舒服得想用臉磨蹭的素材，布料具備可回收掉毛、濕手就能馬上清除掉毛、速乾性極佳等特性，採用可吸收尿液的構造及不易啃咬的縫工，並選用不易生鏽的日本製金屬配件，採用讓人感到放心的溫和色彩，而且全都是在日本國內手工製成。

除了讓健康的龍貓「露出健康的睡臉，過著不受傷的生活」，讓患有殘疾的龍貓「彌補先天不足，過著愉快的生活」外，我也想支援所有飼主由衷的心願：「守護愛鼠的睡臉」。

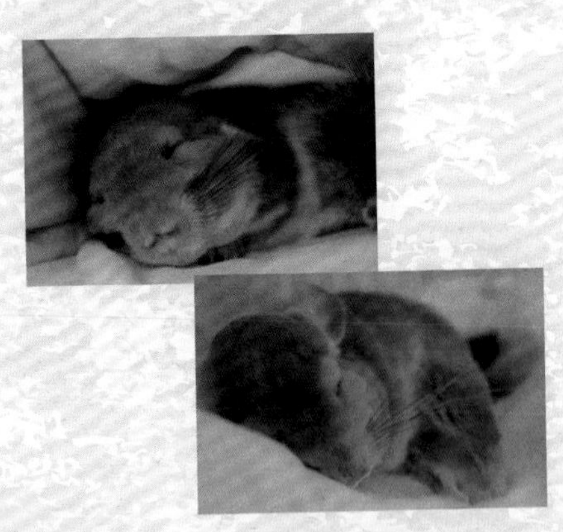

「Margaret Hammock」：開發人：鈴木理惠（株式會社Suzzy Japan）製造商：PLUS工房（株式會社One Cabin）經銷商：Royal Chinchilla（株式會社PATER）

第4章

享受交流

~與龍貓共度愉快時光的重點~

重點 36

為了共度更愉快的時光

從叫聲讀懂龍貓現在的心情

了解龍貓發出叫聲時的心情。

記住龍貓叫聲的特徵

龍貓能發出的聲音有限，即使是類似的叫聲，表達的意思也會隨著情境的不同而異。光靠叫聲並不能理解龍貓真正的心情。必須透過究竟是在哪種場面，做出什麼舉止及什麼表情發出叫聲，思考這些叫聲究竟意味著什麼。

希望飼主搭理時及愉快時的叫聲

當龍貓看著飼主，以沉穩微小的聲音發出「啾—啾—」、「噗噗」、「噗—噗—」的叫聲時，可能表現出想玩、想撒嬌、很寂寞，想要飼主搭理牠的心情。如果是獨自在室內散步時發出這種叫聲，則表示高興、愉快、有趣、心情好等意思。

警戒及威嚇的叫聲

當龍貓微微低著頭望著空中，以巨大高亢的聲音發出「喀—喀喀喀喀—」的叫聲時，表示警戒。為了將危險逼近、不安及懷疑的心情及早通知同伴，就會以極大的嗓音發出叫聲。若是在睡覺或剛睡醒時大聲發出叫聲時，表示龍貓對於從睡眠中清醒的奇妙感覺感到不安。

此外，龍貓呼叫或喚醒隔壁房間的飼主時也是發出這種叫聲。當龍貓露出一臉困惑，以較大的嗓音發出「嘎嘎」的叫聲時，表示牠正生氣地說：「討厭！別這樣！」

求愛的叫聲

當龍貓一直發出同一種聲音且較長的叫聲，像是「噗－噗、噗、噗、噗噗噗」、「啾嚕啾嚕啾嚕啾嚕」、「咪－咪咪咪咪－」等，表示求愛。比方說雄鼠看到或喜歡上雌鼠時、雌鼠通知雄鼠發情期來臨時等。年輕的伴侶住在一塊時，若雙方互相喜歡的話，無關發情期也會相互發出這種叫聲。另外，當獨居的雄鼠性欲高漲時，有時也會對飼主發出這種叫聲。

不同心情的叫聲

叫聲	表示的心情及心理狀態
以沉著微小的聲音發出「啾－啾－」、「噗噗」、「噗－噗－」聲	希望飼主搭理時、心情愉快時。
以巨大高亢的叫聲發出「喀－喀喀喀喀－」聲	警戒心強及感到不安時。
以巨大高亢的叫聲發出「嘎嘎」聲	威嚇及發怒時。
「噗－噗、噗、噗、噗噗噗」、「啾嚕啾嚕啾嚕啾嚕」、「咪－咪咪咪咪－」	求愛及發情時。

對策

仔細觀察並理解龍貓的叫聲代表的意思

龍貓幾乎不會發出叫聲。由於心平氣和時不會發出叫聲，因此鳴叫時大多是情緒較高漲的時候。再加上龍貓原本就警戒心強，緊張過度反而會發不出聲音。另外，叫聲也是龍貓與同伴溝通的手段之一，除了警戒與威嚇聲之外，當龍貓開始對飼主發出各種不同的叫聲時，則是與飼主建立起信賴關係的證明。

為了共度更愉快的時光

從動作與行動讀懂龍貓現在的心情

龍貓的動作別具特徵。透過肢體語言也能讀取其感情。只要明白其動作的意義，就能加深交流。

猛跳

龍貓具有能跳30～70公分高的跳躍力。

基本上，龍貓在活動身體的過程、心情愉快或是嚇到時也會突然猛跳。

在情緒高漲或是覺得遊戲場很無聊時會反覆小彈跳，即爆米花跳，或是做出三角跳等飛踢動作。遇到不如意時也會踢牆發洩。

搖尾巴

龍貓的尾巴之所以很長，是為了在岩場來回跳躍時能保持平衡。

當牠左右搖尾巴時，表示高興、求愛、威嚇或警戒。藉由搖尾巴來虛張聲勢，以趕走威嚇對象或是讓雌鼠接受自己。

擦鼻

這是龍貓的動作當中最具特徵的一種。常見於當鼻子碰到什麼東西時很在意，想拍掉或清理乾淨時，有時也會以擦鼻作為動作的收尾姿勢。

手淫

性成熟的雄性龍貓會手淫。初見這種行為的人可能會驚訝地認為「可能是生病了」，其實這是成年的雄性龍貓很自然的行為，請以溫暖的眼神看待。

獨居的雄鼠會定期手淫，當雌鼠在身旁或是與雌鼠同居時，也會增加手淫的頻率。隨著年紀的增長後就幾乎不會再出現這種行為。

搖尾巴

輕咬

龍貓從幼鼠成長為成鼠的過程中會出現輕咬的動作。當身心成長到對任何事都興趣盎然的年紀時，看到什麼東西都想放進嘴裡確認。對人也是一樣，看到手指、手掌、手臂及腳等都會做出輕咬動作。隨著興趣及欲求的不同，輕咬的強度也會改變。另外，龍貓與建立信賴關係的對象會相互理毛，當飼主幫牠搔癢時，牠就會輕咬回去作為回禮。

Check!

龍貓的其他肢體語言

除此之外，龍貓還會做出理毛的動作，藉由舔咬被毛維持身體清潔。

牠也會做出用手洗臉的動作，梳理重要的鬍鬚，最後來回擦鼻1～2次後，就會露出心滿意足的表情。

伴侶之間也會藉由相互理毛來表達愛情。

當牠蜷起身軀小步行走時，據說是表示警戒、驚嚇及不信任。會擺出隨時都能發動攻擊的態勢。另外常見於雌鼠的是，從警戒轉為恐懼時，會濺出尿液攻擊對方。

有時龍貓也會睜著眼睛睡覺，處於淺眠期，一聽到聲音就會馬上醒來，露出一副彷彿剛才沒睡著的樣子。

為了共度更愉快的時光

重點 38

讓龍貓在室內散步

每天讓龍貓室內散步吧。

室內散步（屋內散步）

進行直線距離衝刺或在喜歡的時機跳躍等，是讓龍貓身心恢復精神相當重要的行為。

而室內散步也是龍貓與飼主最重要的交流時間。

先將屋內打掃乾淨以免出現危險場所，是室內散步的前提。

儘管如此，為避免龍貓發生意外，一定要寸步不離地看緊牠。

切勿因飼主方便時而散步時而休息

曾一度走到籠外世界的龍貓，就會想到籠外玩。

如果一天只能出籠一次的話，牠就會一整天期待室內散步時間。

即便今天能散步的時間比平常短，寧可讓牠覺得「今天散步時間好短喔」，也不要讓牠覺得「主人不讓我出去」。

一定要讓牠每天散步。

室內散步時間的長度

最好在飼主不勉強的時間範圍內進行室內散步。

散步時間愈長，龍貓也愈高興。

因龍貓而異，有的時間一到就會自行回到籠內，最好先訂出大概的規矩，讓牠知道何時開始與結束。

夏季注重涼爽 冬季注重保暖

在夏季運動後馬上就會體溫上升，即使室溫不變，龍貓在散步時也會中暑。而冬季時，離地板約20公分高處寒冷刺骨，身體在不知不覺間就會變冷。因此，夏季時可在散步的休息處設置涼感小屋等，冬季時在地板及祕密基地鋪軟墊。既能防止龍貓腳滑，也能保護腳底。

避免電線、房間的角落及壁紙等遭到龍貓啃咬！

對策 室內散步前的事先準備

龍貓在室內散步時，有用牙齒咬破壁紙的傾向。

不妨採取在牆壁圍上寵物柵欄或是貼上防貓抓貼等對策。

紙類及布製品吃了會囤積在腹部，相當危險，一定要收拾乾淨。

有時龍貓也會啃咬木製家具或木製樑柱，建議最好貼上護角等。

另外，牠們也喜歡鑽進狹窄的場所，不想讓牠們鑽進去的場所最好堵住。

此外，也要事先檢查有無讓龍貓逃到外頭的縫隙。牠能打開較輕的拉門或紗窗。也會咬破紗網跑出去。萬一啃咬電線的話恐怕會發生漏電或觸電，最好裝上保護套或是避免在室內散步的場所放電線。

重點 39

為了共度更愉快的時光

讓龍貓學會與飼主一起玩的遊戲

建立信賴關係後一起遊戲吧。

如何教龍貓玩遊戲

龍貓是種智力相當高的動物。雖然會有個體差異，當牠產生愉快的心情時，飼主就能跟牠一起玩遊戲。與飼主建立信賴關係後，就能運用動物的學習機制。

不妨利用龍貓受到誇獎很高興及拿到食物很愉快等心情，讓牠學會「繞圈圈」、「握手」、「擊掌」等動作。

教導遊戲的成長階段與時機

等龍貓成長到某種程度及適應環境後，就能教導遊戲。

另外，一次教導多種遊戲會讓牠感到困惑，請讓牠逐一學習。

注意不要給太多食物

餵太多食物會造成發胖。

此外，單顆較大塊的食物可能會餵太多，最好切成小塊後少量餵食。

抱著「希望牠能學會」的心情教導

不同的龍貓擅長的遊戲也會有不同，飼主最好能分辨出適合愛鼠且擅長的遊戲。不過，也有龍貓對任何遊戲都不感興趣。這種情況，再怎麼勉強也學不會，堅持教牠反倒會讓雙方的信賴關係出現裂痕，因此不適合的個體最好放棄。即使是適合玩遊戲的個體，大多也會有一陣沒一陣地玩，相當任性。

請耐心抱著「希望牠能學會」的心情，將遊戲當作交流的一環，讓牠慢慢學會吧。

Check!

一旦搞錯給犒賞的方式……

飼主本想藉由給犒賞來糾正不希望龍貓做的行動，有時反倒會植入錯誤銘印。

比方說，室內散步時本想阻止牠咬家具或電線，為了轉移牠的注意力而餵零食。但這樣只會造成反效果。

這是因為，龍貓誤以為做出飼主不希望牠做的行為就會得到犒賞，這種行為亟可能會變本加厲，請務必多加注意。

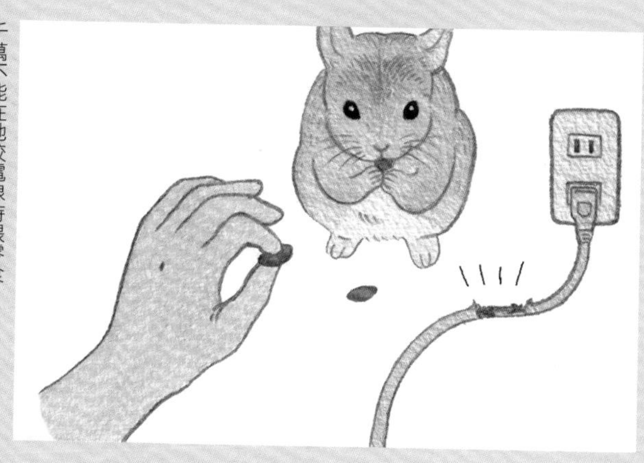

重點 40

為了共度更愉快的時光

想讓龍貓學才藝 階段式教學很重要

劈頭就想讓愛鼠學高階才藝也不會如飼主所願。最好進行階段式教學。

記住名字

龍貓主要是靠聲音及氣味來認識飼主。只要每天常呼喚名字，牠就能記住。想讓龍貓一聽到名字就跑過來或是站在膝蓋上，不妨在餵食物時多下點工夫。

比方說呼喚牠的名字後，輕輕敲一下地板或桌子等。當牠走過來時，就餵牠食物作為犒賞。

繞圈圈

將食物拿到龍貓的鼻尖前，讓牠聞氣味確認是否想吃。

接著就這樣讓牠聞食物氣味繞圓圈一圈後，再餵牠食物。

剛開始練習時並不順利，可以手拿食物慢慢畫圓圈來誘導牠。

擊掌

練習完繞圈圈之後，用手指捏住食物並打開手掌。

當龍貓用前腳拍擊掌心時，就給牠犒賞。

重複練習幾次後，就會記住這項行為了。

站在手上及肩膀上

將食物放在手上或肩膀上誘導龍貓，說不定牠就會站到手上或肩膀上。

但為避免龍貓跌落受傷，請坐在安全的場所上慎重進行訓練。

Check!

教學時千萬不能做的事

龍貓的警戒心很強，大聲責罵只會讓牠心生恐懼，造成反效果。

不但不會親近飼主，甚至還會心生厭惡，因此即使牠學不會也絕不能發火。

另外，即使是頭腦聰明的龍貓也會集中力中斷或疲累，最好避免長時間強行拘束牠。

學會才藝的速度會隨個體不同而異，請充分理解龍貓的個性，邊觀察邊進行指導。

重點 41

進行繁殖

繁殖時要注意時期與組合

事先了解可進行繁殖的組合。

繁殖後要負起責任

動物的繁殖與人類一樣，不僅非常危險而且辛苦。

迎接新的龍貓也是一樣，照顧工作及飼養費用都會比以往多出一倍以上。

視個體而異，有的個體可活超過20年以上。

不要只是因為可愛就讓龍貓繁殖，決定繁殖後，必須對生下來的孩子灌注愛情並負責任，要有照顧牠一輩子的覺悟。

可繁殖的組合有既定準則

龍貓依照毛色有不得進行繁殖的組合。

絲絨色種之間及白色種之間生出致死基因的可能性相當高，因此不能配對。

另外，斑色（混色）種毛中混有白色，也帶有白色基因。白色種與斑色種、斑色種之間的繁殖配對也相當危險，請務必避開。

發情期

龍貓約3～8個月大就達性成熟了。

雌鼠的發情期約30～50天為一周期，為期3天到一星期。

發情期時陰道口會變圓打開，而且變紅。在此狀態下，只要遇到心儀的雄鼠就能進行交配。

另一方面，雄鼠達性成熟後就能製造精子，隨時都能交配。

不得配對的組合（毛色別）
白色×白色
白色×斑色或混色
斑色或混色×斑色或混色
絲絨黑×絲絨黑
絲絨黑×絲絨棕
絲絨棕×絲絨棕
其他還有絲絨種所生、含絲絨色基因品種之間的配對等。

龍貓的孕期為111天

被飼養的龍貓全年都能進行繁殖。

雌鼠的孕期為111天，比起其他小型草食動物可以說相當長。

原因據說是與龍貓的生態與棲息地有關，為了讓幼鼠出生後能馬上躲在父母身後步行，必須等幼鼠成長之後再生下。

因此懷孕3個月前後，雌鼠身心都相當疲累。必須要好好照顧雌鼠的身體與心理。

對策 如何辨別適合繁殖的個體？

讓雌鼠在身體虛弱時懷孕及育兒，會對身體造成負擔，最好避免這種情況。

神經質又膽小的龍貓壓力異常地大，恐怕會放棄育兒，可能不適合懷孕、生產及育兒，請特別注意。

此外，讓身體尚未發育完全的年輕個體懷孕，可能會讓母親本人無法成長，因此並不建議讓出生後未滿一歲過於年輕的個體繁殖。

而高齡的龍貓、生病、病弱、病後、過瘦、肥胖的個體懷孕也會伴隨著危險，請避免。

另外，近親交配亦可能會生出身體孱弱或畸形的孩子，千萬要避開。

進行繁殖

繁殖最重要的是雄鼠與雌鼠間的契合度

繁殖時，按照正確程序進行很重要。首先要確認雄鼠與雌鼠間的契合度，按部就班來進行。

讓雄鼠與雌鼠相親

雌鼠的好惡相當分明，繁殖也取決於雌鼠是否接受雄鼠。可以的話最好在配對前先評估雙方的契合度。

首先將雙方的飼育籠放在一塊，中間相隔咬不到籠子的距離。

若雙方沒有吵架，彼此發出叫聲，鼻尖相碰，就表示相當契合。

相反地，若雙方變得極具攻擊性的話，就表示契合度差，很難進行繁殖。

同居入門

知道隔著籠子的雌鼠與雄鼠相當契合的話，可暫時讓牠們一起待在籠內或是散步。

當雌鼠抬起臀部發出嬌柔的叫聲，很可能表示發情期來了。

不過若是同居後開始吵架的話，請立刻將雙方分籠。

交配

交配的時間很短，一下子就結束了。

若同居後發現膣栓掉在籠內，就是交配成功的證據。

膣栓是狀似蠟燭碎塊，為了讓精子確實受精及避免與其他雄鼠交配所製造的栓。

雌鼠會吃掉膣栓，因此就算沒有發現膣栓，也會有可能交配成功。

另外，即使雌鼠獨居，有時在發情期也會發現有膣栓掉下。

雄鼠與雌鼠感情融洽地在一起

懷孕

有時胎兒會位在檢查的死角，數量不一定正確。

在動物醫院可透過照X光片來確認是否懷孕、胎兒大小與數量。

也有這樣的案例：當母親產下一隻幼鼠後，另一隻仍留在肚內無法生下來，造成母親胎兒均處在危篤狀態。

為預防這種情況，建議最好事先在動物醫院檢查肚內究竟懷了幾隻幼鼠。

對策

龍貓懷孕後

整體而言，懷孕期間的食物最好餵得比平常多一些，可以不時在飲水器內加入綜合維他命，或餵食營養補給品來補充精力等。由於缺鈣的情況較多，可在飼料中加入紫苜蓿等鈣質較多的食物。

若雌鼠與雄鼠同居的話，雌鼠懷孕期間時常會因焦躁而攻擊雄鼠，最好盡早讓雙方分籠。隨著臨盆日的逼近，最好將籠內布置調低。

另外，由於剛出生的幼鼠被羊水弄得濕答答的，為避免幼鼠寒冷，不論季節，最好在底下設置寵物保暖板。

重點
43

進行繁殖

生產與育兒 ~生產前與龍貓爸爸分籠~

龍貓在分娩後會發情，若與雄鼠同籠會有連續生產的危險，需多加留意。

龍貓的生產

野生的龍貓大多在深夜或黎明時生產，被飼養的龍貓生產時間則視個體不同而異。

每次生產平均會生下1～3隻幼鼠，通常會先從頭生出幼鼠，也有因胎位不正而臀位生產的情況。

以生產複數隻幼鼠的情況來看，分娩時間約1小時，有時甚至得花上半天時間。

生下胎兒後會排出胎盤

所有的胎兒都生下來後，最後就會排出胎盤，龍貓媽媽會吃掉胎盤補充營養。

龍貓媽媽的嘴巴及前腳沾有血跡，就是產後吃掉胎盤的證據。若沒有排出胎盤或是因難產，生產後也沒有吃胎盤而筋疲力盡的情況，請立刻帶到動物醫院接受診療。

生產前一定要與爸爸分籠

龍貓具有生產完後可立刻進行繁殖的身體構造。

可是，生產後接連懷孕會對母體造成負擔。

若龍貓爸爸與媽媽住在同一飼育

籠內，生產時或是剛生產後極有可能馬上進行交配，請務必將雙方分籠。

人工哺育

幼鼠出生後馬上就會吸母奶。

若是生下2隻以上的幼鼠，母乳可能會不夠喝。

如有明顯發育遲緩的幼鼠就必須靠人工哺育。請每隔2～3小時餵食羊奶，幫寶寶補充營養。

如果很擔心的話，請到動物醫院找獸醫商量。

另外，一定要因應狀況，臨機應變。

剛出生的龍貓

對策

第一次洗砂浴

由於浴砂會跑進眼、鼻及氣管，先別讓剛出生的寶寶洗砂浴。等寶寶多喝母奶，能元氣十足地到處跑，體型大一圈後，才開始讓牠洗砂浴。

以產後一星期為基準。在這之前先讓媽媽個別洗砂浴。

砂浴的容器要選用能讓寶寶輕易出入、高度較低，大小足以讓寶寶跟媽媽一起洗砂浴的容器。

爬不出去的龍貓寶寶

如果讓寶寶待在高度較高的瓶內，就會因爬不出來而身體衰弱。另外，寶寶常會在浴砂內尿尿，最好經常檢查。

專欄 4

我們請教最近特別致力於研究喪失寵物症候群的鈴木理惠女士，談談當心愛的龍貓死去時，飼主該如何跨越失望，以及如何應對才不會讓愛鼠的死白費。

關於如何應對與愛鼠離別，別讓愛鼠的死白費

心愛的龍貓死去的那股喪失感怎麼也無法填補，也無法跨越那股失望。沒有人能夠替代牠。眼淚一直停不下來。不論再怎麼努力，也改變不了愛鼠死去的事實。不過，唯一的救贖就是在科學如此進步的世界上，仍存在著有人情味、值得用全身去愛的生命，那絕對是自己此生中最自豪的事。不論過了多少年仍會讓人淚水盈眶。不論過了多久，心中依然充滿了後悔。儘管如此，只要回想起那段快樂的時光就會開心雀躍。那真的是段美好、比任何禮物都來得令人欣喜的回憶。因此，我希望各位不要責怪自己。既然你曾經那麼快樂，相信你心愛的龍貓在世時一定也過得很幸福快樂。

沒人能保證哪種龍貓一定能活得長壽。「原以為能在一起二十年，因為長壽才選擇養龍貓，想不到竟只在一起生活〇年。」幾乎所有飼主都會如此感嘆。不過，就算龍貓能活到二十五歲，想必你還是會這麼想。與心愛的人一起共度的時光當然愈長愈好，但也不會因為短暫而顯得不幸。生命的尊貴與愛情的證明不在於時間長短，而是其存在有多重要。

解開龍貓的生態與疾病的謎團是今後的課題

龍貓的生態及生病的原因仍有許多尚未解開的謎團。

龍貓也會原因不明地猝死，或是連罹患何種疾病也不曉得。即便告知病名，有時也會無法可治，甚至無法說明為何會致死。

這麼一來，飼主一定會苦惱會不會是自己的飼養方式有錯。連死因、病名都不詳，怎麼會有這麼令人難過的事呢？如果換成人類，這種死亡真的很難接受。當然也不是說「畢竟是動物，死了也莫可奈何」。因此，我希望能靠掌握到的些許線索以及活在當下的所有飼主，一同為龍貓創造未來。

只要愛鼠出現些微令人在意的情況，請務必帶到醫院診療。盡可能解開更多病例的謎團，這才是讓未來龍貓生態與疾病得以闡明的方法。

第5章

高齡化、維持健康以及疾病、災害時的對應等

～守護心愛龍貓的重點～

認識疾病與受傷的種類及症狀

目前已經確認與龍貓相關的各種疾病與受傷種類。
如果發現異狀，請立刻帶到動物醫院接受診療。

咬合不正

咬合不正是指牙齒末磨平，造成牙齒咬合不良的狀態。

野生的龍貓會啃食纖維質較硬的食物並花時間咀嚼，讓牙齒逐漸磨損，因此牙齒會快速生長來防止磨損。

可是，被飼養的龍貓用到牙齒的機會比野生的少。

這麼一來，牙齒的生長與磨損就會失衡，牙齒末磨損就會造成咬合不正。

另外，咬金屬絲網也會使牙齒咬合不好，也會造成咬合不正。

咬合不正的症狀與治療

無法食用較硬的食物，食慾降低，體重也會減輕。

嘴巴閉不緊，會頻繁流口水，下顎的毛也一直濕答答的。

因用手擦拭口水或碰嘴巴，所以連前腳也濕答答的。

請帶龍貓到動物醫院讓獸醫幫牠磨牙，或是將牙齒修剪成適當長度。

若牙齒咬合不正的話，之後也要定期到動物醫院做檢查，必須將牙齒磨平。

預防咬合不正

平常可餵食牧草或給予可啃咬的玩具作為預防。

特別是牧草含豐富纖維質，又有硬度，能幫助磨牙，不妨多餵牧草。

另外，對付會咬金屬絲網的龍貓可稍微下點工夫，在籠內加裝木製柵欄以防啃咬金屬絲網。

蛀牙、牙周病

龍貓跟人類一樣也會罹患蛀牙及牙周病。

原因在於餵食太多纖維質少的飼料及含醣量多的零食。

由於治癒得花上一段時間，極需耐心，平時最好多加注意以免得蛀牙及牙周病。

蛀牙、牙周病的症狀與治療

會出現嚴重口臭、口腔疼痛、大量流口水及咬牙等症狀。

若有出現上述症狀，就必須帶到動物醫院接受診斷。

預防蛀牙、牙周病

預防蛀牙及牙周病，請平時多餵食牧草，徹底減少餵食含醣量多的零食。

Check!

好發於龍貓的疾病及注意要點

牙齒會不斷生長是龍貓的特徵，因此常會出現咬合不正等牙齒問題。

蛀牙及牙周病大多會併發咬合不正，透過治療咬合不正可稍微減輕症狀。

另外，因從高處落下或腳被金屬絲網卡住所造成的扭傷及骨折、因飼養多隻引發打架等所造成的外傷，也是龍貓常見的疾病。

其他諸如皮膚、消化器官、中暑等疾病也好發於龍貓。

龍貓為了保護自身不受敵人襲擊，生性會隱藏自己的身體不適。

平時最好頻繁檢查龍貓的健康狀態，一出現在意的症狀立刻就帶到動物醫院診療。

扭傷、骨折

造成龍貓扭傷或骨折的原因五花八門，像是從高處落下、腳被籠內的小縫隙卡住等。

龍貓是種會忍耐疼痛，隱藏生病的動物。

儘管受傷了仍會若無其事地生活，保險起見，建議還是帶到動物醫院檢查。

扭傷、骨折的症狀與治療

一旦龍貓扭傷或是骨折了，就會出現拖著腳走路、護著其中一腳、動也不動、蹲坐等動作。

如果症狀較輕，可讓牠服用止痛藥或是停止運動保持安靜來治療。

視狀態而定可能要動鋼釘手術，更糟的話甚至要切斷腿部。

另外，傷勢的判斷大多只有獸醫才知道，如果懷疑龍貓有扭傷或骨折的情況，請立即帶到動物醫院接受診療。

預防扭傷、骨折

平時最好事先檢查籠內，確認有無會勾住腳的地方或是危險場所。

另外，請一定要養成坐著抱起龍貓的習慣，注意避免讓牠從高處落下。

外傷

大多數外傷的原因在於打架。

在飼養多隻的情況下，住在一塊的龍貓合不來或是繁殖時雄鼠與雌鼠不合，雙方就會吵起來。

特別是繁殖期，雌鼠會嚴格鑑定交配的雄鼠，對不適合的雄鼠會出現噴尿或是又踢又咬，不讓對方靠近的情況。

另外，即使是單獨飼養，當龍貓在室內散步或待在籠內時，一不小心也會出現外傷，請多加注意。

外傷的症狀與治療

會出現出血、傷口及發腫，碰到

會疼痛等症狀。

出血較少的情況，可以包紗布及繃帶來止血

不過，少量出血也有可能形成大傷口，最好帶到動物醫院進行診療。

預防外傷

飼養多隻及繁殖時會讓多隻龍貓待在一塊，若彼此合不來就會開始打架。

視情況而定，有可能會將其中一隻龍貓打死，因此當雙方打起來時要立刻讓牠們遠離飼育籠。

另外，平時一定要檢查室內是否放置室內散步時有危險的物品、飼育籠是否有會引發打架的物品等。

中暑

野生的龍貓棲息在寒冷乾燥地帶，因此相當怕熱及濕度高的地方。

氣溫27度以上、濕度超過60％以上就會中暑。

過去曾發生過因停電造成空調中斷，回到家後才發現龍貓中暑的案例。

夏季讓龍貓看家時一定要特別注意。

Check! 幼年期、青年期、壯年期的注意事項

幼年期的龍貓身體孱弱，缺乏體力，為避免罹患中暑、低溫症及真菌病（皮膚真菌病）等，一定要留意溫濕度管理。

青年期及壯年期的龍貓相當積極活動，請多注意外傷、扭傷及骨折等。

另外，為防止咬合不正，籠內最好設置咬木及木製柵欄，避免啃咬籠內金屬絲網。

老年期的龍貓體力衰退且腰腿衰弱，不妨多下點工夫，像是增加籠內的踏板，做好防止落下對策，或是降低籠內布置，避免危險。

此外，為預防疾病，最好在飼育籠附近裝設溫濕度計，徹底做好溫度管理。由於老年龍貓的牙齒也不好，請餵食柔軟的牧草或是泡軟的固狀飼料。

中暑的症狀與治療

會出現呼吸變淺且加快、流口水、耳朵及舌頭變紅、嚴重下痢等症狀，脈博也變淺變快。

由於身體也會變熱，請用冰毛巾及水包住龍貓的身體後立刻帶到動物醫院。

治療方式有休克療法及打點滴。

預防中暑

平時就要確實做好室內溫濕度管理，避免將飼育籠放在陽光直射的場所。

另外，夏季要外出旅行時，最好將龍貓寄放在寵物旅館或是交由寵物保母照顧，也可以請朋友或家人來家裡看看情況。（請參照重點31）

軟便、下痢

軟便是由於環境變化造成的壓力、零食餵太多、餵食發霉的飼料所引起的。

下痢的原因與軟便相同，如果過了1～2天還沒治好就要帶到動物醫院。

另外，也有可能是細菌感染或內部有寄生蟲。

若出現帶有血絲的下痢、嚴重下痢、頻繁下痢的情況時，請盡快讓獸醫診斷。

軟便、下痢的症狀與治療

軟便是指糞便呈褐色且柔軟，龍貓一踩就會扁掉。

另外，引發下痢前大多會排出含水氣的軟便，若糞便呈現這種狀態，最好用保鮮膜將新鮮的糞便包起來，立刻帶到動物醫院檢查。

乾燥的糞便很難找出寄生蟲疾病。

請動物醫院特定出下痢的原因及打點滴，如有寄生蟲，則使用驅蟲劑來治療。

此外，當龍貓感到有壓力時，就要設法減輕其壓力。比方說列出例行照顧工作的順序，每天按照順序進行照顧工作，就能減少龍貓無法預測的壓力，穩定情緒。

預防軟便、下痢

剛接回家的龍貓在更換飼料不久後，就會因環境變化帶來的壓力而排軟便。

這時，不妨在新飼料中稍微混一些以前餵食的熟悉飼料，讓牠覺得安心，再慢慢更換飼料。

此外，用關愛對待龍貓不僅能讓牠信任飼主，精神上也會穩定許多，可增強抗壓力。

真菌病（皮膚絲狀菌病）

所謂的真菌病（皮膚絲狀菌病）相當於人類感染香港腳的狀態，在皮膚對病原體的抵抗力下降時容易罹患的疾病。

此外，造成真菌病的原因如下：在高溫高濕的環境飼養、營養不夠均衡、壓力等。

人類也會感染真菌病。

不過只有在身體不適等時才會染上這種病，在免疫力高的一般狀態下幾乎不會感染。

但如果飼養的龍貓罹患真菌病的話，飼主就要徹底洗手，做好預防工作。

對策

發現龍貓的樣子異於平常時

當龍貓出現下列行動時必須要注意：

- 沒食慾，飲水量突然有變化
- 身體疲累，不像平常一樣愛玩
- 避免與飼主視線相交
- 突然增加啃咬的舉動
- 沒有進到砂浴容器內
- 護著腳行走
- 很在意身體的某一部分

若感到「不對勁」時，請立刻帶龍貓到可馬上受理龍貓診療的動物醫院接受診斷。

真菌病（皮膚絲狀菌病）的症狀與治療

會出現掉毛、皮膚發炎發紅的症狀。必須改善造成發病的原因，即改善環境，打掃清洗飼養環境，待乾燥後再進行消毒。

另外，在動物醫院會給龍貓服用抗生素，在患部塗軟膏來治療。

預防真菌病（皮膚絲狀菌病）

請每天打掃飼育籠，注意溫度管理以免高溫多濕。

飼養多隻的話，則採取一籠一隻的方式飼養，預防疾病傳染。

便祕、毛球症、腸阻塞

龍貓壓力大時會吞下自己的被毛或異物，如果吐不出來消化器官就會堵塞，造成便祕、毛球症及腸阻塞。

一般認為，這是因為餵食纖維質少的飼料及壓力造成消化機能下降，才會導致發病。

便祕、毛球症、腸阻塞的症狀與治療

會出現食慾不振，只喝水而體重減輕、身體衰弱、下痢等症狀。

另外，糞便也會減少，腹部極度脹大，有時也會因休克而失去知覺。

若腸道沒有完全塞住的話，可服用能刺激消化道運動的藥及化毛劑。

若腸道完全阻塞的話，就要服用止痛藥，接受外科手術治療。

預防便祕、毛球症、腸阻塞

請餵食龍貓高纖維食物，平時要讓牠充分運動。

另外，避免累積壓力也很重要。不妨多給牠一些咬木等玩具，並確實做好室內溫濕度管理。

鼓腸症

鼓腸症是指腹部內囤積氣體的疾病。

由於壓力、咬合不正、慢性消化器官疾病等其他疾病所併發及餵食低纖維飼料等原因，導致發病。

鼓腸症的症狀與治療

出現沒食慾、體重減輕、腹部脹大、排便量減少、下痢等症狀。

在動物醫院會照X光片進行診斷，透過服用刺激消化道運動的藥物及乳酸菌製劑來進行治療。另外也要讓龍貓積極運動，多餵食高纖維食品。

預防鼓腸症

請減少餵食零食，多餵食高纖維食物，讓牠充分運動。

此外，為避免累積壓力，比方說可重新評估籠內布局，平時多留意避免做出讓龍貓驚嚇或害怕的舉動。

對策

事前好好學習疾病預防對策

其他方面，龍貓也跟人類一樣會罹患糖尿病、腫瘤、肺炎、心臟病、子宮疾病等重大疾病。

在重點22所也曾介紹過，每天要檢查龍貓的身體，只要稍有發現異樣就要帶到動物醫院去。

另外，除了先天性及遺傳性疾病外，只要按照適當方式飼養，大部分龍貓的疾病都能防患於未然。

請確實學習疾病預防對策，多下點工夫讓龍貓過上毫無壓力的舒適生活。

常見於龍貓的症狀與可能疾病

症狀	可能疾病
食慾不振	咬合不正、鼓腸症、便祕、毛球症、腸阻塞、老化等
掉毛	細菌感染、真菌病、脫毛症、毛球症等
眼屎	有髒東西進入眼睛、結膜炎、角膜炎、咬合不正等
下痢	鼓腸症、便祕、毛球症、腸阻塞、細菌、寄生蟲等
便祕	感冒、鼓腸症、便祕、毛球症、腸阻塞等
糞便變小	鼓腸症、便祕、毛球症、腸阻塞等
呼吸急促	鼻炎、肺炎等
沒精神	咬合不正、鼓腸症、便祕、毛球症、腸阻塞、糖尿病等
頻繁抓搔身體	細菌感染、真菌病、脫毛症等
受傷	外傷、扭傷、骨折等

龍貓年齡換算表

龍貓	人類
1歲	12～13歲
2歲	20～21歲
3歲	22～26歲
4歲	27～31歲
5歲	32～36歲
6歲	37～41歲
7歲	42～46歲
8歲	47～51歲
9歲	52～56歲
10歲	57～60歲
11歲	61～64歲
12歲	65～68歲
13歲	69～72歲
14歲	73～76歲
15歲	77～80歲
16歲	81～84歲
17歲	85～88歲
18歲	89～92歲
19歲	93～96歲
20歲	97～100歲

重點
45

疾病與受傷時的應對方式

比平常更注重溫濕度管理及衛生上的顧慮

儘管平時都有細心注意，龍貓還是會生病。下面就來了解生病時的應對方式。

充分注意溫濕度管理

生病時，體溫大多會比健康時來得低。因此，一定要比平常更注意溫濕度的調整。

平時要多加留意溫濕度的管理，像是夏季的空調開太冷、冬季的防寒對策、確實做好濕度管理、檢查有無風從縫隙吹進來等。（請參照重點19）

多下點工夫讓龍貓過得舒適

如果沒有清理排泄物等，使籠內維持髒亂的狀態，可能會引發其他疾病。

為了讓龍貓過著舒適的生活，一定要保持籠內清潔。

另外可以多下點工夫，諸如稍微調低籠內布置以便飼主觀察，將飼育籠放在容易溝通的場所等。

安靜第一

雖說龍貓生病了，但因擔心不時觸碰反倒會讓牠感到壓力。

生病時，首先要以安靜為優先。

觀看龍貓情況讓牠好好休息時，盡量別打擾牠，可以稍微跟牠搭話。

強制餵食的方法

當龍貓患有咬合不正等疾病無法進食時，飼主可採取強制餵食。

可用食物調理機（將食物研磨成粉狀的機器）將牧草及固狀飼料打成粉末後，以熱水泡成糊，或是將小動物專用流動食品加水溶解。接著抱起龍貓或是用毛巾圍住保定起來，用注射器吸取少量食品慢慢餵食。

當牠吃飽後就會揮手或搖頭表示不想吃，這時請結束強制餵食。

視症狀而定，會有幾乎無法進食、可稍微餵食一點，或是不可餵食太多食物的情況，請務必與獸醫商量。

對策

不願吃藥的時候

如果龍貓不想吃藥的話，可將藥與百分百純果汁及零食混在一塊。

若龍貓無論如何還是拒絕吃藥的話，請帶到動物醫院找獸醫商量。採用其他方法進行治療。

另外，請遵照獸醫指示，切勿自行判斷讓龍貓服用超過規定量的藥物或中途停藥。

為防患於未然，平時最好多練習使用注射器。

帶去動物醫院時的注意事項

緊急時運送龍貓到醫院的方法有幾點注意事項。最好事先了解清楚。

使用外出籠運送時的注意事項

帶龍貓到動物醫院時，要使用小型外出籠。

移動之際請多下點工夫，像是減少振動等，盡量減少對龍貓身體的負擔。

為減輕龍貓的壓力，可以在籠外套上布套或是裝進大提包內，盡量避免在眾人面前曝露。

另外，如果去動物醫院前有一段準備期間的話，為了讓龍貓適應外出籠及飼育籠，建議從幾天前起將外出籠當作被窩使用，沾上自己的味道。

外出時攜帶保冷劑、暖暖包及外出籠布套很重要（右側口袋可放保冷劑及拋棄式暖暖包）

外出籠內要放牧草

龍貓很怕斷糧，請事先在外出籠內放牧草，讓牠隨時都能享用。

另外，為避免排泄物弄髒龍貓的身體，可選用底網式外出籠或是鋪上可吸收尿液的寵物墊等。萬一龍貓吃掉寵物墊就會大事不妙，最好避免直接鋪在底網上。考慮到移動距離及等待時間較長，最好選用可裝設飲水瓶的外出籠比較放心。

外出時要注意氣溫等

龍貓身體虛弱時需特別注意溫度管理，夏季時請選擇在上午或傍晚等涼爽的時間移動。冬季時在日出的時間帶移動比較安心。

此外，夏季時不妨用毛巾包住保冷劑，冬季時將拋棄式暖暖包設置在龍貓咬不到的場所。

到動物醫院看診前的準備

可將龍貓的情況拍照或拍攝影片給獸醫看，或是帶糞便前往，看診過程會比較順利。

避免進入診察室才在找照片及影片，最好將檔案保存在馬上就能觀看的場所。進入診察室時大多很慌張，關於症狀及想說的話等時間順序容易含糊不清，最好事先將必要資訊整理成備忘錄。另外，獸醫的說明也很重要，最好筆記起來，以免回家後想不起來。

Check! 移動時的確認及注意事項

搭電車、巴士或計程車等時，一定要將龍貓裝入外出籠後再搭車。視情況而定，最好事先確認能否載小動物。

順帶一提，搭乘JR東日本只要另付「隨身攜帶物品費用」290日圓（2020年5月的資訊），就能攜帶裝入外出籠的動物一起搭車。

搭車時要注意巔峰時期，夏季則要注意開很強的空調送風。相反地，冬季時電車內因開暖氣而相當熱，要留意外出籠內的換氣。

另外，開車前往醫院的話，由於夏季的車內非常熱，在龍貓上車前最好先開冷氣冷卻，冬季則先開暖氣溫暖車內，即便在短時間也不要將龍貓放在車內。

重點 47

尋找常就診的醫院

為預防突發性疾病及受傷，最好事先找好能前往的動物醫院。

龍貓屬於特殊動物

龍貓屬於特殊動物的一種。簡單來說，所謂特殊動物是指貓狗以外的所有動物，兔子、倉鼠、龜、鸚鵡、智利八齒鼠均屬於特殊動物。龍貓也是特殊動物的一種。

視動物醫院而異，只受理貓狗診療的醫院也很多，因此一定要找受理特殊動物診療的動物醫院，帶龍貓去看診。

另外，如果找到符合的動物醫院，保險起見一定要事先打電話去醫院詢問是否受理龍貓的診療，並告知疾病的症狀進行確認。

在動物醫院的官網上能獲得各種必要資訊

找飼養龍貓的人商量

也可以請教飼養龍貓的飼主推薦及常去的動物醫院。

最好事先蒐集動物醫院的氣氛與應對、負責醫生的特徵等有益資訊。

上網搜尋

也可在網路上輸入「龍貓動物醫院（地域名稱）」、「特殊動物　動物醫院（地域名稱）」等關鍵字，來搜尋住家附近受理龍貓診療的動物醫院。

動物醫院的官網上，都有記載醫院住址、電話、看診時間、醫院特徵、受理診療的動物等資訊。

請教寵物店

亦可以請教迎接飼養的龍貓的寵物店、繁殖者或送養人推薦的受理龍貓診療之動物醫院。

同時，最好也事先請教受理夜間等急診的動物醫院，萬一出事時也能順利應對。

對策

定期做健康檢查

找好常去的動物醫院後，為預防疾病及維持健康，建議一年做一次健康檢查。

做健康檢查時，只要攜帶重點22所介紹的每日健康記錄去就行了。健康檢查會進行糞便檢查、觸診、視診、牙齒診療及檢查有無腫起等，必要時也會照X光片及做血液檢查。若龍貓年屆高齡的話，就要增加做健康檢查的次數。

另外，去做健康檢查時也可以向獸醫詢問或商量平時在意的事或煩惱。

這麼一來就能與獸醫建立信賴關係，遇到緊急時能在常去看診的獸醫診療下安心接受治療。

老年龍貓的照護

盡可能營造無壓力的飼養環境

老年龍貓與人類一樣，身體各項機能會逐漸衰退。尤其是迎接老年期的龍貓比年輕的龍貓更需要照顧。

徹底做好溫度管理 讓牠過著無壓力生活

飼養老年龍貓最重要的就是溫濕度管理。老年期特別要注意溫濕度的管理。另外，龍貓是抗壓性很弱的動物。

請多下點工夫盡可能讓飼養的龍貓過著無壓生活，像是掌握適合的食物及平時的運動量，並反映在飼育籠的布置上等。

另外，如果突然調低籠內布置或更改食物內容，容易讓高齡龍貓感到壓力，最好慢慢改變。

視力衰減後

有的個體年屆高齡後就會罹患白內障等疾病，視力衰退。

不過，龍貓本身大多不會感到不便。

這是因為，龍貓可透過鬍鬚、鼻、耳等其他感覺器官來作為探測器。

姓名：琦拉（性別母）年齡：20歲0個月

此外，龍貓相當聰明，能記住籠內的布置。但若罹患重度白內障的話，則注意盡量不要更換布置。

無法自行進食後

若龍貓無法自行進食的話，就由飼主來餵食。

什麼東西都不能吃就會死，因此餵食可食用的食物就很重要。

可使用照護飼料（粉狀食品）或是將龍貓喜歡的食物用食物調理機打成粉末，強制餵食。（詳見重點45）

飼主也不要逞強，保持身心健康狀態很重要

照護所養龍貓也會讓飼主情緒低落，情緒不穩定。可是，要是飼主有精神上的壓力甚至生病的話，就沒辦法照顧龍貓了。

情緒低落時不妨找人發牢騷，有時也可以請朋友、熟人或家人幫忙照顧，多下點工夫讓身心維持健康地生活。

現在或許很難熬，只要付出關愛好好照護，你的用心一定能傳達給龍貓。

對策

隨時保有2家常去的動物醫院在口袋名單

事先找好龍貓常去的動物醫院，由於已經知道醫院的特徵、獸醫及護理師的氣氛，緊急時就能不慌不忙地做好準備。

不過到不常去的動物醫院，有時也會找到新的疾病及治療方法，因此尋求第二意見（Second Opinion）也很重要。

另外，當病情驟變時，有時會遇上常去的醫院休診日，因此口袋名單內有2家常去的動物醫院會比較保險。

重點 49

災害時的應對

事先做好避難準備

自然災害不知何時會突襲。
為保護心愛的龍貓，要事先做好防災對策。

飼主要自發性保護龍貓

相較於其他國家，日本屬於地震及颱風等自然災害較多的國家。為防範災害時，一定要知道與龍貓的避難方法。

首先，事先確認自己所住地區的避難場所，確保避難路線。

請備妥人與龍貓的避難用品。龍貓的避難用品建議至少得準備一星期份。

掌握龍貓喜歡的食物

龍貓有時會因壓力而吃不下東西。

為避免發生這種情況，平時要多掌握龍貓喜歡吃的食物，發生災害時可餵食喜歡的食物，讓牠能好好進食。

龍貓在非常時期容易脫水，也可事先練習用滴管強制補給水分。

平時進行防災訓練

為防範災害，平時可進行防災訓練，測量龍貓花幾分鐘進入外出籠，離開家中得花幾分鐘等。

不僅也能練習緊急時帶龍貓去動物醫院，萬一有事時也能不慌不忙地採取行動。

避難用外出籠

考慮到得長時間待在避難所，最好選用附食物盆及飲水瓶型款式，為避免龍貓咬壞籠子逃走，最好選擇牢固的外出籠。

另外，考慮到萬一的情況，建議在外出籠上貼上寫有聯絡方式的名牌。

對策

避難時攜帶物品清單

為了能帶著就走，請事先準備下列避難用品，遇到意外時也能安心。

- □攜帶用外出籠
- □外出籠套
- □食物盆
- □飲水瓶
- □塑膠袋
- □飼養日記
- □食物（約一週份）
- □飲用水
- □寵物墊
- □報紙
- □濕紙巾
- □動物醫院的掛號證
- □拋棄式暖暖包
- □保冷劑
- □滴管
- □藥品
- □除菌消臭噴霧

另外，不妨利用社群平台等與龍貓的飼主互相聯繫，隨時交換資訊。

決定離別後該如何憑弔

生命的結束必將來臨。為了迎接那一天的到來，有幾點飼主一定要明白。

懷著感謝的心道別

雖然令人悲傷，不過必須得跟可愛的龍貓道別的日子終會到來。

在心愛的龍貓踏上旅途那天到來前，為了不留下後悔，要充滿關愛地對待牠，最後心懷感謝溫暖地送牠上路。

而在天國的龍貓比起看著飼主總是一臉悲傷的模樣，肯定更想看到飼主過得幸福。

另外，龍貓是種長壽的動物，最好設想如果自己有了萬一時該如何處置龍貓，並寫在筆記上。

將龍貓葬在自家庭院

如果自宅有庭院，可以將龍貓葬在庭院。

盡可能挖深度40公分以上的洞穴，再蓋上充分的土。

洞穴的深度太淺的話，遺體可能會露出來，或是被其他的野生動物聞到氣味而將遺體挖出來，一定要注意。

委託葬儀社

如委託寵物葬儀社舉行火葬的話，有多隻寵物一起舉行火葬的共同葬禮、單獨舉行火葬的個別葬禮、飼主及家人站在祭壇前做最後的道別後再舉行火葬的在場葬禮等，種類五花八門。

請跟寵物葬儀社好好商量，如有在意的地方就要立刻確認。

同時也要考慮自己的心情及預算，再決定葬禮的種類。

報告死前的經過及疾病的症狀

如有常去的醫院，可以將愛鼠死前的經過及生病的狀態記錄下來，向常去看診的獸醫報告。

另外，如果能正確記錄龍貓死前的狀況，請將記錄的內容與更多人分享。

這類記錄或許能成為幫助患有同樣疾病及症狀的龍貓的重要線索。

挑選寵物葬儀社的心得

基本上動物火葬業者並沒有受到法律規範。因此請以下列心得為基本，慎選寵物葬儀社。

其一 不要只找一家，多找幾家葬儀社報價。

其二 委託報價時，需告知寵物種類及大小等必要資訊，並確認書面上包括附加費用在內的總金額。

其三 若熟人中有人相關經驗，可以找對方商量。

其四 如有寺廟的話，在愛鼠生前最好前去拜訪一次。

Check!

委託寵物葬儀社前的確認事項

委託寵物葬儀社將龍貓火葬前，請先確認以下幾點：

- 上官網確認過去關於龍貓火葬的實績
- 寵物葬儀社的風評
- 火葬費用是否包含接送費？
- 六日國定假日是否能受理？需支付額外費用嗎？
- 葬禮後所需費用是多少？

【製作工作人員】
■編輯／製作計畫 有限会社イー・プランニング
■寫手／木部みゆき
■ＤＴＰ・本文設計／小山弘子
■插圖／田渕愛子、suika
■攝影／居木陽子
■攝影協助・照片提供
青島康乃、内田雅子、内田葉子、隈元亜紀、小林芳則
高野晴美、対馬千穂、猪岡 麻衣、吉野成枝

イースター株式会社、株式会社川井、株式会社三晃商会、GEX株式会社
ナチュラルペットフーズ株式会社、株式会社Suzzy Japan、株式会社マルカン
株式会社ワンキャビン、有限会社SBSコーポレーション、Royal Chinchilla

【模特兒】
封面：萊姆、美麗、琪琪、斯塔爾
書背：斯塔爾
封底：琪琪
前言：巴爾梅、波特夫、雪莉、小福、Qoo、馬布爾
正文：阿薩姆、琪琪、小町、櫻子、小跳、柊馬、斯塔爾、史塔當、斯凱、宅野、多比、琦拉、月音、劍、多伊、托爾、小錦、美麗、小福、弗朗達、小飄、馬儂、小梅、蒙羅、萊姆、芥末

第一次養龍貓就上手

出　　版／楓葉社文化事業有限公司
地　　址／新北市板橋區信義路163巷3號10樓
郵政劃撥／19907596 楓書坊文化出版社
網　　址／www.maplebook.com.tw
電　　話／02-2957-6096
傳　　真／02-2957-6435
監　　修／田向健一
翻　　譯／黃琳雅
責任編輯／王綺
內文排版／謝政龍
校　　對／邱怡嘉
港澳經銷／泛華發行代理有限公司
定　　價／320元
初版日期／2021年11月

國家圖書館出版品預行編目資料

第一次養龍貓就上手 / 田向健一監修；黃琳雅翻譯. -- 初版. -- 新北市：楓葉社文化事業有限公司, 2021.11　面；　公分

ISBN 978-986-370-329-7（平裝）

1. 鼠 2. 寵物飼養

437.394　　110014683